INQUIETANTE FUTURO DE LA ANDALUCÍA AGRÍCOLA

¿HAY ESPERANZA?

ExLibric

JOSÉ LUIS SÁNCHEZ-GARRIDO Y REYES

INQUIETANTE FUTURO DE LA ANDALUCÍA AGRÍCOLA

¿HAY ESPERANZA?

EXLIBRIC

ANTEQUERA 2024

**INQUIETANTE FUTURO DE LA ANDALUCÍA AGRÍCOLA
¿HAY ESPERANZA?**
© José Luis Sánchez-Garrido y Reyes
© de la imagen de cubiertas: enefecto.es (Alcalá de Guadaira)
Diseño de portada: Dpto. de Diseño Gráfico Exlibric

Iª edición

© ExLibric, 2024.

Editado por: ExLibric
c/ Cueva de Viera, 2, Local 3
Centro Negocios CADI
29200 Antequera (Málaga)
Teléfono: 952 70 60 04
Fax: 952 84 55 03
Correo electrónico: exlibric@exlibric.com
Internet: www.exlibric.com

ISBN: 978-84-10297-88-3
Depósito Legal: MA 2479-2024

Impresión: PODiPrint
Impreso en Andalucía – España

Nota de la editorial: ExLibric pertenece a Innovación y Cualificación S. L.

JOSÉ LUIS SÁNCHEZ-GARRIDO Y REYES

INQUIETANTE FUTURO DE LA ANDALUCÍA AGRÍCOLA

¿HAY ESPERANZA?

Índice

Agradecimientos

Al decidir abordar este tema y definir el proyecto, llamé por teléfono a numerosas personas amigas de este ámbito para hacerle preguntas concretas o aclarar dudas con la idea de reafirmar conceptos o modificarlos, en su caso, si lo estimase aconsejable. Esto me llevó un tiempo.

Y previamente a su edición, lo he enviado a cuatro personas: dos de Granada, una en Sevilla y otra en Estepa, con el objeto de tener cuatro visiones complementarias de profesionales que tienen un amplio conocimiento de la agricultura andaluza.

Seleccioné a tales efectos a Joaquín Romero Ruiz y Pablo Ramos Pedregosa en Granada, José Luis Cobián Rojo en Sevilla y Antonio Jiménez Pinzón en Estepa, que aceptaron como buenos amigos. Ellos, además de otros trabajos vinculados con la agricultura, son también agricultores.

Mi agradecimiento a todos por su colaboración y muy especialmente a Antonio Jiménez Pinzón.

Antonio y yo fuimos compañeros en la Escuela de Peritos Agrícolas en Sevilla. Él vive con su familia en Estepa, nació en Huelva, ha trabajado durante treinta y un años en varias agencias del Servicio de Extensión Agraria y finalmente once años como jefe responsable de la OCA (Oficina Comarcal Agraria) de Osuna, y al que le debo el

título de este libro, el prólogo y, además, diversas observaciones y sugerencias.

Muchas gracias también a mi profesora de informática,
Srta. María José Ruiz Roldán, por su revisión, y a mi hijo
José Luis, cuya empresa en Sevilla ha diseñado la portada.

Objetivo del libro

Me considero, sin ánimo de presunción alguna —ya por edad no tiene sentido—, un buen conocedor de toda la agricultura andaluza, de norte a sur, de este a oeste y de otras muchas agriculturas, fuera de esta Andalucía nuestra.

Aspiro a que el lector tenga una visión más clara y real del presente y posible futuro de la agricultura andaluza, es un libro dirigido a todos los de este sector o de cualquier otra actividad pues siempre le vendrá bien conocer sobre este apasionante tema.

Es un libro que pretende aclarar conceptos e ideas que considero de bastante interés, pues la población tiene, en gran porcentaje, errores de concepto difundidos por redes sociales y que dan, por lo general, una idea falsa.

Tenemos una imagen no real de la agricultura y muchos conceptos equivocados.

Es bueno, sin duda, aclarar ideas, para no vivir en la equivocación, lo que a ningún sitio positivo nos puede llevar.

Presentación

En esta ocasión, nuestro autor José Luis Sánchez-Garrido aborda con profundidad y detalle el estado actual de la agricultura en Andalucía y señala su perspectiva de cómo sugiere que sea el futuro.

A través de sus capítulos, ofrece una visión panorámica actual de los diversos aspectos que afectan a este sector.

La temática principal del libro gira en torno a la necesidad de comprender y resolver los desafíos que enfrenta la agricultura andaluza. Sánchez-Garrido argumenta que hay una serie de conceptos erróneos, difundidos por las redes sociales, que han creado un estado de opinión erróneo y un gran desconocimiento de la realidad del campo andaluz muy generalizado.

Se exponen temas sorprendentes bastante desconocidos y se hacen propuestas razonadas de cómo cambiar la situación actual, por lo que es un libro para leer, releer y meditar con cierto detenimiento por aquellos que, de forma directa o indirecta, en más o menos influyen en el futuro del campo en Andalucía.

Es un libro que se pretende que llegue a todas las personas relacionadas con el campo y también a los que van al mismo de merienda o lo ven desde la carretera. El autor, de forma sencilla, expone lo que hay para que se entienda por todos. Seguramente es posible que cambien su mentalidad respecto a la agricultura andaluza.

Evidentemente, el agua tiene un protagonismo destacado, así como sus soluciones. También analiza el autor la situación del olivar y expone sus reflexiones acerca de este sector, entre otras muy diversas cuestiones, tales como la ganadería.

Sánchez-Garrido tiene una vasta experiencia profesional del agro andaluz en todas las provincias que la integran. Igualmente, tiene amplios conocimientos de la agricultura en toda España y no pocas salidas al extranjero a tales efectos en numerosos países, fundamentalmente Francia y Estados Unidos.

La obra se enriquece con observaciones personales y comparaciones con otros modelos agrícolas internacionales, lo que añade profundidad al análisis.

El libro destaca por su claridad expositiva y la capacidad de sintetizar información compleja de manera comprensible. Sánchez-Garrido evita el uso de tecnicismos innecesarios y se esfuerza por mantener un tono cercano y dialogante, lo que facilita la lectura y comprensión de los temas tratados.

En conclusión, *Inquietante futuro de la agricultura andaluza… ¿Hay esperanza?* es una obra que aporta una visión esperanzadora sobre el futuro de la agricultura en Andalucía.

Prólogo

En la vida de cada cual, con toda seguridad, hay infinitas cosas que nunca ha realizado, aunque se esté a escasas semanas, como es mi caso, de completar los ochenta años de vida, pues bien, este humilde perito agrícola, olivarero y, como los toreros, agente de extensión agraria hasta el último viaje a las marismas del cielo, ya jubilado en teoría, nunca pudo ni imaginar siquiera que iba a tener que juntar las palabras necesarias para completar el prólogo de un libro que va a publicar nada más y nada menos que el compañero de carrera al que, sin exagerar, ni por supuesto mentir —nunca lo hice en mi vida— más admiración me ha provocado, y eso que apenas conozco de primera mano, aunque en la distancia he seguido su trayectoria, una mínima parte de lo que ha realizado en su larguísima trayectoria profesional y debo decir que esa admiración la guardo en mi memoria desde que tuve la fortuna de conocerle hace sesenta y tres años, cuando ambos empezamos en El Cortijo de Cuarto-Bellavista-Sevilla (foto ilustrativa) a sentar las bases para ser hombres de provecho, como en aquellos tiempos nos decían nuestros padres.

José Luis Sánchez-Garrido y Reyes, triunfador nato vaya a donde vaya, y por ir, ha ido por su trabajo a prácticamente todo el mundo, me ha pedido que le escriba este prólogo y, a pesar de que podría estar escribiendo meses sobre su persona y su personalidad, me ha puesto en un serio compromiso, porque no sé si lo que está usted leyendo, estimado lector, va a estar a la altura de lo que viene a continuación en este libro, que califico como reflexión global sobre nuestro campo andaluz, y lo primero que me ha venido a la cabeza es que, como siempre, José Luis hace posible lo que normalmente parece imposible.

Cualquier viajero, no es necesario ser profesional de la agricultura, en tres días y con un coche podría hacerse una idea aproximada, por ejemplo, de la provincia de Logroño (La Rioja) o de Asturias, paraíso natural, que tan profundamente conozco, pero el territorio de Andalucía son palabras mayores, porque además de ser más extensa que muchos países, es un compendio tan enormemente variado de climatologías, recursos naturales y aprovechamientos agrícolas, que harían falta años para medio hacerse una idea de lo que tenemos y una imaginación y una capacidad y experiencia fuera de lo común para escribir en un pequeño libro, lo que le está ocurriendo y lo que futuriblemente le espera a nuestra agricultura, hay que ser José Luis Sánchez-Garrido y Reyes para ello.

Debo reconocer que me siento muy halagado por este encargo y como nunca he escrito el prólogo de un libro, se me ocurre avisar al lector de esta obra que va a hacer como una especie de viaje en globo por los campos de

Andalucía, y desde el que José Luis Sánchez-Garrido irá explicando lo que se ve, para llevarle a apreciar el esfuerzo permanente que tienen que hacer nuestros agricultores para producir lo que nos mantiene vivos, y sin solución de continuidad el viajero irá percibiendo la tremenda complejidad de la agricultura andaluza, y cómo nos transmite el autor en esta obra pequeña de tamaño, pero grande de ideas, que la clave de la supervivencia de la misma es que sin una correcta gestión del agua hay pocas esperanzas, pero como esta virtud es lo último que se pierde, José Luis, como siempre, intenta compartir con el lector lo que él piensa sobre nuestra agricultura, incluso proporcionando soluciones para quien tenga en sus manos la capacidad de decisión que permita que en Andalucía tengamos la esperanza fundada de ser la región más importante de Europa en producción de alimentos.

Si en algún momento, en su lectura, entra en un campo «sembrado» de conceptos que no entiende por ser demasiado técnicos y se pierde, siga adelante, porque encontrará pronto otros caminos más fáciles de entender, ya que José Luis Sánchez-Garrido no se limita a escribir, dialoga con quien le lee.

Les animo a que lean este conjunto de diáfanas ideas y opiniones, porque cuando lo terminen, les apetecerá, seguro, volver a releer más de un capítulo.

Como el Autor me ha insistido en que tengo plena libertad para componer este prólogo, quiero aprovechar la oportunidad para finalizar aportando y compartiendo una conclusión a la que he llegado en, también, mi más de medio siglo de trabajo en los campos andaluces y asturianos: la ruralidad es un atributo positivo de la condición humana.

Antonio Jiménez Pinzón, perito agrícola

Escuela de Peritos Agrícolas. Cortijo el Cuarto (Sevilla).

1. Como inicio para aclarar

Hay, centrándonos en nuestra agricultura andaluza, temas desconocidos que es necesario aflorar y entender. Otros que seguramente muchos perciben, pero de forma muy superficial y que no entran en su análisis.

En diversas cuestiones tenemos una mentalidad colectiva falsa, creada pues vaya a saber cómo.

Quizá, porque partiendo de verdades simplistas y muy claras y con razonamientos que se estiman coherentes, se llega a conclusiones muy trascendentes falsas que no tienen nada ver con la realidad en absoluto, y esa «formación errónea casi colectiva» es verdaderamente muy preocupante.

Solo una parte, y no muy grande, de los que viven en el medio rural tienen una idea aproximada de la situación real y actual del campo andaluz, lo cual evidentemente agrava aún más la situación.

Es recomendable leer el contenido de este libro con tranquilidad, sin prisas, y es necesario reflexionar y no de un hojeo querer sacar conclusiones y observando solo o viendo algunos párrafos decir: «Esto ya yo lo sabía».

Si no tiene tiempo o tiene prisa, pues sinceramente déjelo, no siga leyendo y siga usted con sus ideas de siempre. ¡Qué le vamos a hacer!

Tengo claro que es necesario conocer el contexto global de la agricultura andaluza, procurar crear una mente colectiva correcta por todos como forma básica de empezar a resolver los problemas que atañen a la misma. Les aseguro que voy a procurar ser ameno y poco cansino en lo posible.

Pensando de forma equivocada, y además con comentarios muy aleatorios, nada vamos a solucionar.

Los flecos y pequeños puntos que puedan tener divergentes con este texto es lo de menos, discrepancias en detalles no descalifican a lo esencial, no busquemos el chocolate del loro y dando al animalito el dulce —me refiero al loro— pensemos que hemos salvado el mundo. Vean la parte positiva. No se vayan por las ramas, observando lo que estimen de desacuerdo puntualmente para descalificar la globalidad. Así me he topado con muchas personas en mi vida.

He escrito mis conclusiones existenciales al respecto tras muchos años como perito agrícola, visitando campos de Dios durante más de cincuenta años de profesión. Igualmente he tenido la suerte de conocer, evidentemente no de forma tan intensa, toda la agricultura de España, de una punta a otra.

Y, además, he tenido la oportunidad de visitar el campo de Marruecos, Portugal, Rusia, Ucrania, Italia, Grecia, Francia, Alemania y Estados Unidos.

He de reseñar que tanto la agricultura de Estados Unidos como la de Francia siempre me han fascinado y he tenido la oportunidad profesional de ir en numerosas ocasiones a ambos puntos en congresos y visitas al campo.

Bien, me baso en la experiencia, aunque la misma dudo ya sea un valor: a un amigo lo despidieron de donde trabajaba «por exceso de experiencia», y no es un chiste.

Los jubilados por lo general pasan a otro mundo y los empleados nuevos no recurren a los mayores como se hacía antes. Lo saben todo desde jóvenes.

Con escribir al menos dejo mi conciencia tranquila para no irme de este mundo sin decir lo que quería decir, con ello resuelvo una llamada de mi conciencia durante mucho tiempo, sin más pretensión. Y lo escribo antes de que sea demasiado tarde, me refiero por motivos de mi edad y donde observo el aceleramiento de las goteras de forma impresionante.

Lo expongo de forma muy sencilla, para que todos lo entiendan y además en lenguaje fácil, porque es mi estilo y no voy a aparentar lo que no soy.

Que lo aprovechen y lo disfruten, si logro que ustedes lo lean.

2. Nuestra Andalucía bendita

La meseta castellana tiene más altura respecto al nivel del mar que la parte más destacable de los terrenos cultivados de Andalucía.

Y por su latitud tenemos en Andalucía el mismo clima que el norte de África y distinto al resto de España.

La superficie total de Andalucía son 87.000 kilómetros cuadrados, es decir, 8.700.000 hectáreas.

Un kilómetro cuadrado, como ustedes bien saben, es un cuadrado con 1.000 metros de lado, esto es 1.000.000 de metros cuadrados, como una hectárea son 10.000 metros cuadrados, un kilómetro cuadrado son cien hectáreas.

Es bueno cuando se vean superficies concretas, no ya solo de campo, sino de cualquier espacio, hacer cálculos mentales de aforamiento de superficie y después preguntar cuánta superficie tiene, con ello se va aprendiendo a conocer un poco más las dimensiones.

Tenemos un valor los andaluces inapreciable que es espacio, superficie, en definitiva: extensión, aparte de otros muchos.

Suiza tiene 41.000 kilómetros cuadrados, es decir, la mitad de Andalucía aproximadamente. Portugal es similar en superficie a Andalucía (92.000 kilómetros cuadrados).

Países Bajos (Holanda, como se llamaba antes), es la mitad de aproximadamente de lo que es Andalucía (42.000

kilómetros cuadrados) y Bélgica es la tercera parte (31.000 kilómetros cuadrados), Dinamarca, la mitad (42.000 kilómetros cuadrados) e Italia tiene 302.000 kilómetros cuadrados (somos en superficie el 30 % de la superficie total de Italia).

Reflexionar sobre este concepto es importante, porque tener esta amplia superficie, sin duda, es un valor muy destacable que muchos no tienen ni podrán tener jamás.

Tener una agricultura muy fuerte es fundamental, pues estamos dentro de la Unión Europea, con el número total de consumidores que tenemos de 450 millones de habitantes, que no son pocos.

La superficie es un valor, pero con sol, con buena temperatura, este valor tiene un multiplicador tremendo.

El 41,6 % del total de la superficie andaluza es cultivo agrícola, es decir, 3.600.000 hectáreas en números redondos.

Menos de la mitad de Andalucía es la que se cultiva, atención, menos de la mitad y preponderantemente en secano, con lluvias escasas —si las hay— y rendimientos mínimos —cuando los hay—; consecuencia de ello, en general con futuro muy incierto, en los tiempos que vivimos ya no es de recibo. Hay que solucionar este problema.

El 58,2% de la superficie andaluza que no es superficie agrícola se distribuye así:

8,7 % urbana, carreteras y humedales.

16,7 % pastos.

33 % forestal, arboleda o matorral.

Que suman el 58,2% comentado y que son algo más de cinco millones de hectáreas.

La Renta Agraria (RA) andaluza supuso el 30,37 % de la renta agraria española y el 5,46 % de la comunitaria en 2020. Dato importante que revela lo destacado de la agricultura andaluza en el panorama nacional y europeo, aun con todas las limitaciones que tenemos y que iremos viendo.

La producción vegetal fue de 10.000 millones de euros y la ganadera 2.000 millones.

Entre Almería y Sevilla se encuentra casi el 50 % de la producción agrícola.

En la inconmensurable Almería, con 2.430 millones, ya supera a la tradicionalmente más importante provincia de Sevilla cuya producción es 2.300 millones de euros.

El PIB de Andalucía global crece y el de la agricultura, porcentualmente, baja y el PIB de la industria baja también porcentualmente y nos convertimos en un mundo de servicios, en un mundo turístico; por lo menos tenemos esto y es bueno, sin duda, pero también es absolutamente necesario que la agricultura y la ganadería aumente y no queden aún más atrás, descompensada y con un enorme potencial no desarrollado, lo cual es triste y ello es lo que está ocurriendo actualmente.

Miren el PIB, es un claro indicador de la riqueza de un país, de una región, etc. Lamentablemente, el PIB per cápita de Andalucía es el más bajo, el último en el *ranking* de las comunidades autónomas, con 20.000 euros, cuando la media en España es de 30.000 euros; esto nos dice mucho en cuanto a la situación económica andaluza.

Todo lo que es subir producciones es disminuir paro: más producción, menos paro, creo que esto no podemos discutirlo; mientras más alto el PIB, menos paro habrá. Este concepto hemos de tenerlo claro.

Entonces, en lugar de decir «vamos a crear tantos empleos nuevos», creo que es mejor «vamos a producir tantos millones de euros más» y después hacer cábalas o estimaciones de lo que ese aumento de la producción por sectores crea de puestos de trabajo.

Si no es así, cuando se dice «vamos a crear tantos puestos de trabajo», no lo entiendo, a no ser que sea disminuir paro a base de servicio público o más gasto total, y si no producimos más y gastamos más, pues mal vamos.

Ahora la globalización se desestima, no se dice, pero lo vemos, al menos se sabe que no es la solución.

Hace pocos años se observaba cómo el futuro claro era la panacea, un principio básico era la globalización, pero hoy estamos en la desglobalización y vuelta a los aranceles, salvo pactos, que los hay, y muchos. Nos lo ha enseñado la pandemia, para no depender tanto de otros, lo cual trae malas consecuencias, hay que ser en definitiva menos dependientes.

No obstante, la globalización no se descarta con el paso del tiempo según parece, pero bueno, ya veremos. Es un proceso lento y complicado, entiendo que para ello sería preciso que todos los países del mundo fuesen democracias, esto para empezar, y esto está bastante lejos, incluso da la sensación al menos de que nos alejamos a nivel global más de las mismas y ello es lógico. Globalización sí, pero con nuestra independencia. El mundo en la actualidad se va polarizando en dos bandos, uno el de las democracias y otro el de las dictaduras, si bien algunos de las segundas se integran también por unas causas u otras en el bloque de las primeras.

Cada país sigue un rumbo y algunas democracias de antes pasan a dictaduras. Es difícil mantener las democracias, es difícil entendernos, aunque desde luego es mejor camino que las dictaduras.

Faltan muchas décadas en las que democracia, definida como la forma menos mala de la organización de la sociedad, sea la general en nuestro planeta. Si es que llega alguna vez, esperemos que sea así.

En definitiva, tiene una ventaja fundamental las democracias, que es la «libertad» en letras gruesas, valor fundamental para el ser humano, que otros seres se encargan de eliminar buscando sus mejores intereses. En definitiva, somos animalitos.

Centrémonos en Andalucía, en la que un importante componente es el sol y la existencia de tierras muy variadas desde Almería a Huelva y desde Sierra Morena a Algeciras, que permiten una variedad importante de cultivos —otra cosa es que haya o no agua. Sin agua no hay vida—.

El problema del agua, como he leído por ahí, es no tenerla, que es lo que nos ocurre a los andaluces, me refiero la suficiente, o mejor dicho, la mínima racional, ni siquiera toda la que necesitamos, evidentemente.

Sin agua somos un desierto, lo que conduce a una riqueza agrícola mínima pendiente de la lluvia, si la hay, y esto ya no se quiere. No podemos vivir mirando el cielo y viendo si va a llover o no, y si no llueve no poder sobrevivir.

Hoy con poca agua la tecnología permite una explosión de riqueza agrícola, tenemos el clima y el suelo. Además, los estudios climáticos predicen que de aquí a final de siglo aumentaremos la temperatura en Andalucía cuatro grados, y los días de lluvia disminuirán, lo que lo hace aún más problemático.

La tierra no crece —salvo en Países Bajos, que avanzan costosamente por el mar—, hay la que hay y cada día hay menos por construcción de infraestructuras, reservas naturales, etc., por lo que cada día tendrá más valor.

En la costa de Cádiz, por ejemplo, me comentaba hace poco un amigo cómo la construcción de urbanizaciones hace disminuir el suelo agrícola, y el turismo es imparable. Allí el clima es ideal para el cultivo de flores, hortalizas y subtropicales, pero falta suelo agrícola.

El aumento de la densidad de población en la costa del sur, mediterránea y atlántica se ve venir de forma clara, la estamos viendo, es imparable, a los habitantes de los países del norte les falta sol.

En la costa sur los cultivos subtropicales tienen ya un presente y futuro brillante agrícola ante la demanda de estos productos por Europa, la cual no los tiene dentro de sus límites y así tenemos, por ejemplo, el cultivo del aguacate, que está creciendo mucho en nuestro vecino Marruecos, iniciativa que la hacen inicialmente posible numerosos empresarios españoles, pero que es igual, si no fuera así, sería por otros o por los mismos marroquíes y desde luego no se pueden poner barreras a su cultivo en otros países.

Es digno de destacar que el mercado europeo prefiere el aguacate español de alto prestigio al importado del norte de África, la clave está en que desde la recolección al consumo hay pocas fechas y el fruto madura en el árbol, esto le da mejor sabor que a los de otros países donde se recogen verdes y maduran en las cajas de transporte.

En Huelva están muy avanzados en agricultura y desde no hace demasiados años están apostando fuerte por el aguacate, desde muy reciente —un buen amigo es el agricultor líder— y teóricamente un tema muy interesante, aunque los temas importantes en muchos casos en la realidad después por unas cosas u otras, muchas veces no lo son y sí son desastres. Esperemos este caso no lo sea.

Cuando estuve en EE. UU en Florida, vi como muchos americanos cuando se jubilan, marchan de sus Estados fríos, buscando el sol de Florida. Está claro que Andalucía es la Florida de Europa, donde cada vez habrá más extranjeros para residir todo el año, sobre todo del norte de Europa. Como ocurre en Florida, no hace tanto muy despoblada.

El turismo se ve imparable por suerte en nuestra Andalucía, pero no debemos depender solo de él, sino explotar los recursos que tenemos para conseguir entre ellos cierto equilibrio, mayor bienestar y más seguridad en el futuro.

Lo curioso de la agricultura, entre otros muchos factores en nuestra Andalucía agrícola, es lo muy variada que es, muy distinta de una provincia a otra, y dentro de cada provincia entre las diferentes comarcas, incluso municipios, al no ser para nada uniforme, montañas y valles, aires del Atlántico y del Mediterráneo, por lo que tomar medidas generales es demencial.

En Andalucía tenemos sol en invierno. Esto no ocurre, salvo excepciones muy reducidas, en Europa.

La agricultura de secano de 2.000 o 2.500 kg/ha, de trigo, con precios que no cambian hace muchos años es muy difícil o casi imposible de sostener y se buscan cultivos alternativos que no se encuentran. Quizá por ello se ha desarrollado mucho el cultivo del almendro en secano, pues cuando se ha puesto en riego su baja rentabilidad al bajar los precios, buena parte de este se ha quitado. Buscando alternativas más rentables. Pasa siempre lo mismo, si un cultivo tiene alto precio, se pone entonces mucha más superficie y el precio, por consiguiente, lo más normal es que baje.

Al llegar el trigo de muchos sitios a Europa y dentro de estos países con muy altas producciones —me acuerdo ahora del club de los diez quintales francés, es decir, de 10.000 kilos de producción refiriéndose por hectárea—, la subsistencia de nuestros secanos es más que complicada; ahora bien, hemos hablado de lo variopinto de la agricultura andaluza, pues hay microclimas con producciones de 7.000 kg/ha, son normales, pocos, pero los hay.

Los cereales en la provincia de Cádiz o en buena parte de ella se salvan, al tener los vientos húmedos del Atlántico se obtienen producciones entre 4.000 y 6.000 kg/ha, sin embargo, ve a ver cultivos de cereales en Baza y Galera, en el noreste de Granada, con unas producciones absolutamente irrisorias, que hacen la vida de las poblaciones, harto difícil, es la pobreza en definitiva para la generalidad de la población o vivir muy estrechamente.

Sin embargo, hay temas curiosos que sorprenden, en mi opinión: cuando entramos en el Mercado Común europeo sacrificamos muchas cosas, tal como aceptar unas cuotas bajas en remolacha, lo que obligó al cierre en cadena de la inmensa mayoría de las azucareras españolas, fue una situación dramática que sentí de cerca, bastante cerca. Terrible y lamentable el cierre prácticamente en masa de la potente industria azucarera de nuestro país, queríamos entrar como fuese y entramos a un costo muy elevado.

En la provincia de Cádiz teníamos las tres azucareras más grandes de España, al ser las más modernas— me refiero a las últimas construidas en España— y con capacidad de molturación de 5.000 toneladas/día, muy alejadas de las demás de 2.000 toneladas/día como referencia, se cerraron dos y la que ha quedado abierta, pues en gran parte se dedica al azúcar moreno que entra por Puerto Real, reprocesarlo para poner color blanco, que es el que gusta a los españoles, con el sobrecoste consiguiente, las costumbres como esta a veces salen caras y técnicamente absurdas, como es encarecer por tener un color determinado. Comemos lo que nos atrae de color, lo cual no deja de ser paradójico.

En un viaje con Compañía de Industrias Agrícolas, con el Sr. Joseph Vidal, de la empresa catalana azucarera, posteriormente fusionada con Ebro, me llevó a ver diversas azucareras francesas. Recuerdo una, un monstruo con una molturación diaria de 15.000 toneladas, estuve en diez o doce fábricas azucareras en este instructivo viaje, con el mencionado Sr. Vidal, todo un caballero y aparte de ello entablé intensas relaciones con un Consejero de dicha Compañía, el Sr. Bou, que hicimos buena amistad y cada vez que iba a Sevilla nos veíamos, de lo que guardo un estupendo recuerdo.

Por cierto, el Sr. Bou —también perito agrícola— era un apasionado de los pinsapos, y conocía y había visto todos los pinsapos de España y había escrito un librito sobre ellos, que guardo con mucho cariño, que me trajo fotocopiado en color, pues no tenía ejemplares originales.

Pues bien, el cultivo de la remolacha en secano está de nuevo tomando importancia en Cádiz y Sevilla y la azucarera demanda producto y es de nuevo, treinta años después, un cultivo interesante. También la remolacha de riego por su cercanía a fábrica. Se siembran casi 10.000 has. de remolacha entre secano y riego para la única azucarera que queda en Andalucía.

Y es bueno saber que el cultivo de la remolacha en secano se empezó en Antequera, aquí la «descubrió» la Azucarera Antequerana, que fue la gran promotora buscando nuevos horizontes para no cerrar, y así, con la iniciativa del estupendo técnico Sr. Telesforo Carpintero —después gerente en Finca Las Lomas en Vejer de la Frontera, donde tan buen trabajo ha realizado— y por mi pariente Rafael Sánchez Carmona —jefe de cultivos— fueron los pioneros, hoy olvidados en este muy importante logro.

Y caso curioso, hablando de Cádiz, los vinos de Jerez. Su mercado internacional había bajado una barbaridad, con el consiguiente cierre de bodegas y la creación de grupos grandes como manera de buscar potencia para subsistir; pues bien, el mercado del vino de Jerez se ha reactivado y el cultivo de la viña está tomando de nuevo cierto impulso, han estado de capa caída muchos años. Está claro que el mercado prefiere lo bueno y que los mercados son muy variables con los años.

No olvidemos que España es el segundo país más importante del mundo en la producción de vino con una variedad tremenda y calidades que van en aumento.

España es la cuarta agroeconomía más importante de la Unión Europea.

El futuro me desconcierta ante tanto cambio de lo que solo he puesto un ejemplo.

Los equilibrios de rentabilidades son complejos, afectados por insospechadas nuevas situaciones; estamos en una época en que los cambios no se hacen a largo plazo, sino de hoy para mañana.

No sabemos si lo que hoy pensamos que es lógico lo es mañana por la mañana, así que mucha más incertidumbre para el empresario. Cambios muy grandes, continuados sin pausa. Diría que frenéticos en muchos aspectos.

Los productos agroalimentarios ya no van de la huerta al Mercado de Abastos, salvo una minoría, y hay un largo proceso intermedio, nuevo en buena mayoría emergente, que es la Industria Agroalimentaria, diferentes procesos que hablaremos al final del libro, gamas, en definitiva, muy variadas. Procesos cada vez más complejos, hasta las gamas de precocinados listos para calentar y consumir.

Lo lógico es que la industria agroalimentaria esté cercana a donde están las materias primas y en Andalucía se debe procesar la de los productos agrícolas que aquí se cultiven, y no llevarlos a Cataluña, por ejemplo, para procesarlos, por decir un sitio cualquiera.

Con todo ello pretendo o intento reseñar que, dentro de la industria agrícola, ha de tener mucho más protagonismo Andalucía, al ser nuestra comunidad, sin duda, la más relevante, destacable e importante en el PIB agrícola de esta España nuestra y que no esté la industria referenciada en otras regiones no productoras. No es lo lógico. El mundo tiende a la lógica, pero parece que todavía no se ve gran parte de ella en el horizonte.

En Estados Unidos, la industria agrícola no está en el Ministerio de Industria, sino que está integrada en el Ministerio de Agricultura.

Hay quien me dice que este escrito es enrevesado porque se habla de muchas cosas mezcladas, discrepo un poco como manera de justificarme, porque, para tener una visión general, hay que hablar de todo y estructurarlo creo que no es muy factible, al menos no es espontáneo, es mejor expresar lo que se piensa, así soy yo.

No obstante, he procurado bastante hacer la exposición lo más racional posible, vean el índice.

Dentro del área de la energía —y la incluyo porque su futuro es producirse en el campo—, Andalucía tiene una buena proyección, tuvimos el poco acierto de cerrar centrales eléctricas nucleares, con lo cual tiramos por la borda más que importantes inversiones en España, que nos toca pagar todavía entre todos, y compramos energía eléctrica a Francia, que nos las cerró, cuando lo más lógico hubiese sido cerrar, conviene que el primer paso no lo demos nosotros, que lo den otros, aunque, eso sí, nos vayamos preparando. No sé, pero estas lecciones se aprenden con los años.

En cerrar no debemos ser los primeros, a veces ocurre, que cierras y te arrepientes, destruyes y pagas las consecuencias, aunque no haya otra alternativa ante la ruina que se nos presenta. Y al empezar hay que hacerlo siempre con cautela y sin poner todos los palos en candela, porque nos podemos arruinar, ir avanzando, pero con prudencia de que, si falla, no nos hundamos.

Cada día la sociedad es más urbana y no saben o ignoran que el más eficiente sistema de generación de energía son los vegetales, la fotosíntesis en los mismos; es, en definitiva, el aprovechamiento de la energía solar en energía aprovechable por el hombre o para la industria, los vegetales son fabricantes de energía en un proceso natural y que limpia la atmosfera, porque el CO_2 —anhídrido carbónico— es absorbido por las hojas y, junto a la energía del sol, fabrica la materia orgánica. Son los vegetales fabricantes sin licencia de apertura —por el momento—.

Si se utilizan biocombustibles, al quemarse vuelven a la atmosfera, CO_2 que después van a ser captados por las plantas, haciendo el círculo. Pero antes de cultivar para quemar, es mejor cultivar para comer, sin olvidar lo segundo cuando no haya otra alternativa.

Con el petróleo, el tema es diferente porque está almacenado en profundidad, guardado durante millones de años, y ahora lo sacamos para quemarlo, entonces lógicamente contamina, no entra en la rueda, lo mismo que el carbón de mina. Las reservas petrolíferas dicen que solo son para treinta o cuarenta años más o menos, pero supongo se descubrirán nuevos yacimientos. Las reservas actuales según la OPEP, son 1,65 billones de barriles —los cuales son algo más de 150 litros cada uno— y el consumo anual no para de crecer; al quemarla, contaminamos la atmósfera aumentando el CO_2, y otros gases de efecto invernadero, con el consiguiente calentamiento global y las alternativas energéticas de fuentes no contaminantes bueno es una cantidad muy pequeña, las consecuencias son imposibles de evaluar. Estamos condenados y de forma urgente a procurar no consumir productos petrolíferos, que por otro lado serán evidentemente cada vez más caros, a no ser que su consumo disminuya demasiado, supongo que los países que los tienen no van a dejar de vender; por mucha energía renovable que haya, seguiremos contaminando. Si no en este país, en otros, hasta que el petróleo del mundo se agote y esto ya veremos cuándo es. Inexorablemente vamos a seguir contaminando. Los aumentos de temperatura los vamos a seguir teniendo.

Leo que en 2023 hay 22.000 aviones en el mundo y se espera que esta cifra suba a 46.000 dentro de veinte años. Leo a título de ejemplo las enormes inversiones en el mundo del petróleo previstas por Aramco —la empresa de Arabia Saudita— para los próximos años. En fin, lo del calentamiento global me da la sensación de que no hay quien lo pare y que va a aumentar aceleradamente.

Lo del cambio climático vamos a ver dónde nos lleva; bueno, a mí no, ya soy muy mayor y no lo veré.

La compra de energía a otros países es tremendamente preocupante y una manera de disminuir la horrorosa deuda pública que tenemos en España, que es de las más grandes del mundo en relación con el número de habitantes.

Hemos de generar energía por vía solar, y quizá haya que replantear alguna central nuclear y no cerrar las que quedan. Lo de generar energía por vía solar es un tema que hay que acelerar y con urgencia, y en ello en Andalucía somos unos privilegiados, tenemos sol.

La deuda pública española es creciente, pero creo que no hay conciencia clara de dónde vamos con tanto endeudamiento que hay que pagar.

Si esto lo llevamos a cualquier extremo a una persona, familia o empresa si se endeuda mucho, lo que gane es para pagar la deuda; mal camino endeudarse en exceso, me enseñaron desde chico. No te queda para vivir. Esto es elemental, lo vemos en amigos lo que les ocurre cuando se endeudan demasiado, y los ingresos no le funcionan con su previsión, pero los pagos hay que hacerlos; en definitiva, es la ruina.

Si lo que recaba el Gobierno es para pagar deuda, entonces poco creceremos, nos limitaremos a pagar y no crecer, que es ir para atrás. Creo que ya con lo que debemos el panorama se presenta nada claro. Hay países que, en vez de deuda, tiene sencillamente superávit. Está claro que hemos de producir más, invertir más para ello, ese es el camino, no hay otro, si no hay dinero no se invierte.

El desarrollo en cuanto a Andalucía en energía lo debemos tener con la energía solar. Aparte de las placas solares, para las producciones agrícolas necesitamos agua, no podemos en el mundo de hoy tener supeditados los cultivos a la lluvia, en la mayoría de los casos. Esto cada día es más descartable.

Si no hay agua, no hay agricultura en nuestra Andalucía desértica.

Atención: SIN AGRICULTURA NO HAY NADA. No hay vida.

Los cultivos para biocombustibles no han progresado, porque tenemos una limitación importante, que es la falta de agua y comprar materia prima en el exterior, como el aceite de palma, para fabricar nosotros los biocombustibles, ha sido un fracaso tremendo del gobierno, en mi opinión. Se han construido fábricas de biodiesel en toda España, en una parte destacable subvencionadas, y se han convertido en empresas ruinosas en su funcionamiento, porque la materia prima ha subido enormemente, y por tanto, el precio de los combustibles fabricados con ella.

Así, de las quince o dieciséis fábricas que se construyeron en España presentando la Administración un panorama muy bonito y concediendo subvenciones, pues ha sido un fracaso espectacular, quedan en todo caso un par de ellas para hacer el biodiesel con aceites usados. Es que no se puede fabricar comprando materias primas al extranjero, porque en los países de origen, al poco hacen sus fábricas y venden los excedentes de producto acabado y no materia prima para que fabrique otro, eso era antes.

Cuando en alguna conversación ha salido el tema, habitualmente se me contesta: «Bueno, las fábricas estaban subvencionadas», esto se aplica en muchos casos y hay una creencia totalmente errónea.

Vamos a ver, las subvenciones, cuando las ha habido, eran a la inversión. Si mal no recuerdo, a entidades privadas el máximo es el 40 % de la inversión y esto del máximo es más que raro que lo concedieran.

Si una planta cuesta quince millones de euros y te dan de subvención el 40 %, esto quiere decir que en vez de costarte quince, te ha costado 9 millones.

Pero atención, si lo que haces no es rentable y todos los años pierdes, esto no hay quien la arregle, las subvenciones no son solución si el negocio no tiene rentabilidad. Las subvenciones para negocios sin rentabilidad son ruina pura, y la rentabilidad no es cosa de decretos. En esto hay una equivocación muy generalizada: una subvención, para un negocio no rentable, es una ruina para el empresario. Al atractivo de subvención se han hecho inversiones en productos no rentables, te dan una subvención y como no tenga rentabilidad, y se haya creído en cantos de cisne de la propia Administración, esta situación conducirá a la ruina sin remisión

En Brasil, buena parte del cultivo de caña de azúcar se dedica ya a la producción de etanol, con lo que consigue el país rebajar enormemente su consumo de gasolina al aportarse un tanto por ciento de este biocombustible. Esto es lógico. ¿Ocurrirá con otros países lo mismo? ¿Será por ello por lo que el precio del azúcar está subiendo? Antes se planificaba a más o menos a medio o largo plazo, pero ahora, con los grandes saltos tecnológicos y de todo tipo, es imposible, se te cambia el panorama de la noche a la mañana.

Aquí tenemos una materia prima importante para energía, que es el sol de Andalucía comentado, que mediante placas solares se convierte en energía eléctrica, y ya con la misma se pueden hacer muchas cosas. La energía eléctrica de placas solares, o bien de molinos de viento, en los sitios donde haya este viento, hace que no haya que comprar la energía o comprar menos y tener una forma de producir la misma, tenemos sol, esto en el Polo Norte no puede hacerse. En esto queda después un problema como almacenar la misma, lo cual requiere más inversiones, esto será un segundo paso sin duda. Para Andalucía es muy necesario aumentar mucho la producción de energía con placas solares. Es fundamental.

Ya con energía eléctrica, y con los desarrollos del hidrógeno verde, es decir, hidrógeno del agua, podemos fabricar biocombustibles, sin proceder estos de los vegetales. Aunque esto del hidrógeno verde está por ver, seamos positivos y pensemos que se culminará y no será una gran frustración. Hasta ahora lo que veo que ocurre no es para echar las campanas al viento de alegría. Pues Dios quiera que no pase como con el biodiesel.

Si bien la Comunidad Europea lo está apoyando a tope, ha habido una época dorada donde se veía como un descubrimiento que nos iba a cambiar la vida. Ya este furor se ha aplacado y no se ve con el optimismo de antes, incluso entra el pesimismo, al menos por el momento, es lo que he detectado.

Pero claro, hemos de evitar en todo lo posible el consumo de petróleo, por su influencia claramente perniciosa sobre el medioambiente por el calentamiento global.

Estamos en una revolución tecnológica y no debemos oponernos a la instalación de placas solares, yo diría que mientras más haya, mejor; el paisaje va a cambiar, desde luego, pero hay que aclimatarse a un paisaje nuevo, eso sí, que los campos solares procuren tener cierta estética y que se utilicen las tierras de menos rendimiento, y si fuese posible, que estuviesen pintados de color verde, que es más ecológico. Si la tierra es un secano, secano sin posibilidad de agua y de bajo rendimiento, con placas solares se obtiene un aprovechamiento mucho más interesante.

De esta forma no me extraña el leer que en Huelva se hará la inversión más importante de España y de las más grandes de Europa en Hidrógeno verde. Es lógico: tenemos sol, ponemos placas solares, y con agua tenemos el hidrógeno verde, es decir, electricidad y agua. En otros puntos de España, como no se puede obtener energía eléctrica de procedencia solar, pues no hay —o hay pocos— proyectos de hidrógeno verde, es lógico.

Vamos a ver si todo va bien. Otra cosa son los pequeños productores de hidrógeno verde, esto no lo veo tan claro.

Los parques naturales serán cotos vallados para ir a ver naturaleza dentro de un mundo de productividad; en definitiva, la productividad es la que genera bienestar y desarrollo. Lo demás en alta medida no dejan de ser historias de utopías mentales. Volver a la naturaleza, volver a hace siglos atrás, es una utopía.

En este 2024, el 5 junio fue el Día Mundial del Medio Ambiente, y yo me dije: «esto no va para los andaluces, porque aquí no tenemos fábricas y podemos por ello contaminar poco; será más bien esta celebración para Alemania, por ejemplo».

Un tema que provoca mucha contaminación es el alto volumen de residuos, pero claro, el mundo va por ahí, ya no se vende en las tiendas de comestibles «un cuarto y mitad», ahora son todo pequeños formatos, con letras muy pequeñas para que no se puedan leer y un lenguaje de especialistas para que no se entiendan. Mucho envase, mucha presentación, mucho *marketing* y poco contenido, que es la monodosis una forma impresionante de subir los precios.

Pues bien, el comprador, como usted y como yo, lo que quiere es precisamente envases atractivos; y si no los queremos, son los que compramos, con bonitas fotos, las cuales tienen poco que ver con el contenido, dosis justas, más bien pequeñas, para no engordar y porque las dosis pequeñas pensamos engañosamente desde luego que salen más baratas, porque consumimos menos. Esto entiendo le viene de maravilla a las grandes cadenas de supermercados, evidentemente, y el pequeño comercio pierde su función. Comprar muy variado, muy rápido y tener que trabajar lo menos posible. Solo queremos comodidad y tranquilidad todos, del primero al último.

La investigación está funcionando a tope para conseguir envases que no sean de plástico, es decir, que se descompongan y no dejen residuos permanentes en lo que no se recicla, en este campo seguro que, en los próximos años, habrá sorpresas muy positivas, en estos momentos muy centradas en los biopolímeros. Mientras cada vez consumimos más plástico, que se saca del petróleo.

Mi padre no quería que fuese empresario, quería que yo fuese funcionario: «Tendrás un sueldo para toda la vida, te ajustarás a él y vivirás muy bien sin sobresaltos, es lo mejor que hay» —me apuntaba—, «y no con la incertidumbre de afrontar los pagos que tiene el empresario y el porvenir incierto».

No todos hemos podido ser funcionarios en la empresa privada, el trabajo es en precario, estás hoy pero no sabemos cuánto tiempo, y ya de autónomo pues ni te digo, vamos a ver cómo podemos seguir el mes que viene, en muchos casos.

Antes, hace muchos años, se decía: «Si no sirves para estudiar, tendrás que ponerte a trabajar». Ponían negocios los que no servían para estudiar o los que, por cuestiones económicas, no habían podido hacerlo.

Hoy esto no es así, para ser empresario hay que estar muy preparado, muy preparado y trabajar después de terminar una carrera también. Los medianos lo tienen muy difícil en cualquier ámbito, a no ser que heredes, evidentemente.

Bien, después de este receso, el futuro del campo andaluz debe ser consiguiente; será una enorme fábrica, cada vez mejor urbanizada, con autopistas y trenes a gran velocidad con el ancho europeo. Eso sí, con zonas verdes y Parques Naturales debidamente señalados y acotados.

Con un alto PIB y, por tanto, no estar muy por encima en el nivel desempleo, que junto a Extremadura lideramos el *ranking* y para ello hemos de subir el PIB y liderar España en esto, ya es hora de que sean los demás los que vayan detrás.

No olvidemos que mucho tráfico o la mayoría de este de África a Europa será atravesando Andalucía y esto, queramos o no, es así, como lo fue hace muchos siglos; por lo tanto, hay que mentalizarse al efecto e irse preparando. En definitiva, el porvenir es de quien sabe anticiparse. Ahora bien, como he dicho antes, los pioneros reciben tortas por todos lados al no haber experiencia en el tema.

Pongamos la máxima atención en la agricultura andaluza, lo cual quiere decir el tema del agua y que conviene tener claro que no es una idea o deseo, sino una necesidad y, aparte de ello, algunas cosas con importancia secundaria. Lo importante, lo básico: el agua. De ello hablaremos más adelante.

Con una agricultura y ganadería fuerte, aumenta el PIB andaluz y por tanto el empleo de forma real, y será motor de potenciar industria y ello unido a un turismo elevado que ya tenemos, creo que no tardará demasiados años en ser probablemente una de las comunidades más ricas de España y de la demás atracción europea, además con alta generación de energía solar.

Eso sí, poned ya carteles de inglés por todos lados, nombres a todas las calles, carteles por todos sitios, estamos en la época de la comunicación. Y para los sordos, o casi como yo, donde den anuncios por megafonía, ponerlos también escritos en pantalla luminosa.

3. El imaginario

Cada persona tiene su imaginario, sus pensamientos, sus ideas, sacadas de sus experiencias, de su formación, de sus estudios, de las redes sociales, que son fantásticas en la buena información y lamentables en la incorrecta información —me refiero a WhatsApp, Facebook, X (nombre extraño ahora para el Twitter), televisión, prensa, etc.—.

Prensa que cada vez se lee menos, todo es visual y, en mi opinión, no debería ser así: leer despacio, releyendo y parando, es una forma de reflexionar, pero esto está ya pasado de moda, ahora todo lo queremos de inmediato y sin parar, o se lee digital, que no es lo mismo que la lectura sobre papel delante, que tocas y hablas con ella.

Se crean corrientes de opinión, en muchas ocasiones un tanto generalizadas de temas concretos; ocurre con cierta frecuencia, es lo habitual.

Resulta que estas opiniones un tanto mayoritarias, muchas veces es fácil detectar que son erróneas claramente, y otras cuestionables en cierta medida por aquello de que no existe la verdad absoluta.

Estas corrientes me dan cierto miedo. Son así y uno no puede en absoluto cambiarlas, entonces cuando la opinión es general en el mundo que nos desenvolvemos, pues mejor callarse y no ir contracorriente, que crea en cierta medida posibles tensiones. Y así más general aún se hace. Y así va el mundo.

Miren, hay cosas que no se pueden contradecir cuando la opinión es, diremos, universal: ir contracorriente de palabras tales como «respetuoso con el medio ambiente», «calentamiento global», «agricultura ecológica», aunque no signifique ir contra las mismas, pero sí que caben muchas matizaciones, desde luego.

Hay otras con un gran desacuerdo total por mi parte tales como «demonización del empresario» y que «el objetivo de la empresa privada es lucrarse y explotar a los demás», o a la «gran empresa como causa de los males» —cuando ojalá tuviéramos muchos Amancios Ortega—. Estas corrientes me duelen.

Las palabras «empresas con ánimo de lucro» me suena fatal, las empresas quieren ganar dinero, es como si hablamos de «los empleados tienen ánimo de lucro», vamos a ver, los empleados igualmente quieren ganar más y vivir mejor. Otra cosa son las empresas y los empleados deshonestos, que no tienen por qué los segundos trabajar en las primeras. Es decir, por ejemplo, no están los empleados deshonestos en las empresas deshonestas, están en todos sitios.

En definitiva, las personas no honestas están en todas las actividades y en todos los estamentos de la sociedad: en la política, en la empresa, en los empleados, en todos sitios; por suerte son una minoría que por lo visto es imposible erradicar, pues se hace y aparecen otros en cualquier sitio como por brotación espontánea.

Las personas deshonestas no llevan un cartel en la frente, su apariencia externa es como las demás y es muy difícil detectarlas y, cuando se hace, ya es demasiado tarde.

En fin, leo en redes sociales comentarios alucinantes que se afirman de forma categórica y que son aberrantes.

Comentarios que se aplican como sentencias, de forma simplista y basándose en verdades elementales, se deducen errores garrafales, por no hablar las normas de deducciones aprendidas en los estudios de filosofía, cuando la misma era una asignatura, ahora ya no sé. Estamos en la época de los razonamientos filosóficos mal aplicados.

No quiero, Dios me libre, dármelas de formado ni mucho menos, ni presumir de nada, ni saber más que nadie, ni ser poseedor de la verdad, pero sí veo que hay muchísimos comentarios erróneos de temas que conozco y de personas que saben muchísimo menos que yo, evidentemente en temas concretos que pretendo aclarar en este texto de forma genérica.

Convendría una nueva asignatura, para estudiantes y para mayores, para aprender a analizar la información, no se pueden dar por verdad muchísimos WhatsApp absolutamente falsos, pero que parece que son verídicos y que obedecen a que los ha diseñado uno que no sabe, o lo que es peor, uno que sabe que es falso y quiere aumentar esa falsedad.

Se demoniza igualmente a las cadenas de distribución, a los agricultores, a los ganaderos y, por supuesto, a la industria. Hoy una buena parte de la ciudadanía los considera en alta medida como enemigos del medio ambiente, contaminadores de lo «natural». ¡Vaya tontería! Aunque haya excepciones que no confirman la regla.

Y esto de los «terratenientes» siempre lo he visto como un adjetivo inadecuado, es un término antiguo, corresponde o se aplica a personas que tienen una gran extensión de terreno y sin explotar. ¿Pero dónde está eso hoy?, y si es una gran superficie y el terreno es baldío y no produce, es un terrateniente, sí, muy pobre, sin opción. En fin, lo que hay que ver es el ingreso/año, y el no que tengas, no sé, lo tiene difícil.

Ya no hay «señoritos», hay empresarios; la etapa de los «señoritos» fue una época de la historia, como tantas épocas que ha tenido la misma, en la evolución de la humanidad. Hoy lo de «señoritos» es un término en extinción y se aplica para molestar en muchos casos o por antigua tradición, ya también desvirtuado de su antiguo significado. Siempre desde luego hay alguna que otra excepción, evidentemente, que suele ser falsas. Yo estaba hablando en general.

Y lo que vale de una finca no es su extensión, sino su rentabilidad, y cada cual, obviamente, quiere obtener de lo suyo la mayor rentabilidad.

Toda la cadena alimentaria, desde el agricultor hasta los supermercados, está bajo sospecha, y los agricultores por vivir como parásitos de las subvenciones y estar distraídos en el campo, sin tener que pensar y al aire libre sin polución.

Las empresas tienen que cuidar, y mucho, su reputación, no se pueden permitir errores, entre otras cosas porque el mercado no lo admite y les vuelve la espalda, los clientes huyen y es la catástrofe de la empresa. Y esta puede darse por cualquier circunstancia imprevista.

No se debe generalizar, pues cada vida es un mundo, pero yo observo claramente, por parte de numerosos agricultores, una gran apatía, no sé si esta es la palabra, pero un poco están detrás de la barrera, a ver qué pasa, desconcertados y sin saber cómo actuar en un mundo de incertidumbres, están un poco «a verlas venir», a ver «cómo queda todo esto», ya están hartos, cansados, escépticos, desanimados en un buen porcentaje y, lo que es peor, con escasos recursos financieros.

El agricultor de secano no tiene rentabilidad, los precios, por ejemplo, del trigo, son los mismos de hace muchos años, las cuentas no les salen, o lo comido por lo servido y poco más, sus cuentas son por lo general lamentables, en estos tiempos, evidentemente, no se trata ahora de hacer historia.

Hace años dejó de abonarse en presiembra de cereales, salvo casos aislados, y solo se abonaba en cobertera, ahora ya casi tampoco en cobertera, así que miren, ya no hay que preocuparse porque se «contamina»; ya no se contamina con fertilizantes, a lo mejor con algún herbicida —lo digo sinceramente con jocosidad—, ya podemos estar todos tranquilos. El consumo de fertilizantes baja y mucho, las producciones también, se trata de producir lo que se pueda, pero sin gastar porque no hay, y por falta de rentabilidad.

Ahora el negocio está fatal, bueno, muchos dirán que estupendo, que antes era bueno y que ahora toca sufrir y cosas así.

Generalizando, el secano está absolutamente en crisis, y no de ahora, lleva años en una decadencia cada vez más acusada y con un panorama de negro futuro. Estar pendiente de la lluvia para ver si hay cosecha o no, pero lo que sí hay son gastos, parece que tiene los días contados, ello no lo quiere nadie. Los secanos en general no tienen ningún futuro; a lo mejor sí, con placas solares.

El agricultor pequeño va desapareciendo, va dejando el campo muy sencillo, sencillísimo, porque no puede vivir de él, y los hijos lógicamente se buscan la vida de otra forma y alejados, en muchos casos, de las poblaciones rurales por consiguiente, aunque no lo deseen.

Ahora las sociedades agrícolas bien estructuradas son muchas de «fondos de inversión», es decir, de fondos de ahorro, tal como fondo de pensiones que lo que reciben de sus integrantes tienen que invertir y se compra campo, entre otras muchas cosas; invierten en sociedades agrícolas muy profesionalizadas y vamos a decir muy estables y con un futuro lo más claro posible.

El agricultor no sabe qué se va a encontrar mañana, con tantas leyes y normas, hay excepciones por supuesto, lógicamente; hay algunos cultivos que funcionan bien, pero que necesitan unas condiciones. Y vamos a ver cuánto dura la bonanza en los mismos. Todo aleatorio y lleno de incertidumbres.

Tenemos muchos casos, por ejemplo, en la Costa de Málaga y Granada, con el cultivo de subtropicales, pero tienen un «problemilla»: no tienen agua que los haga posibles en muchas ocasiones y poco suelo y caro.

Todo es cuestionado y cosas que hemos leído ayer de última hora, la damos ya como un criterio claro nuestro, como si se supiéramos más que nadie.

Es muy necesario un Plan Nacional del Agua, pero esto algunas autonomías no lo quieren, prefieren tirar el agua al mar, que ayudar a otra para no perder votos, cuando es un tema que es nacional por encima de las autonomías, pero ya con la situación de cesiones de atribuciones a las mismas es cuestión imposible, cada autonomía se tiene que organizar con el agua sin proyecto nacional. Lo cual es un tanto triste e incoherente.

Las producciones bajan, los precios suben y se importan productos de otros países donde estos problemas no los tienen y sí la ventaja crucial de sueldos más bajos que en Europa.

No sé, yo pienso que los embalses hay que conservarlos, no demolerlos; si sabemos que lo que demolemos hoy es posible tengamos que hacerlos nuevos dentro de no sé cuánto. Vamos a dejarlos de utilizar en todo caso, en los que se vea muy necesario, aunque no lo entiendo. Siempre lo puedes utilizar como embalse auxiliar bombeando agua desde otro.

Todo cambia con el paso del tiempo; por ejemplo, observo en Antequera negocios de muy larga tradición que cierran por jubilación y no haber encontrado quien siga con ellos y me da bastante tristeza, eso sí, se abren continuamente establecimientos turcos o parecidos, parece que el consumo de kebab crece mucho, también muchos odontólogos, o dentistas, como se decía antes; no soy un técnico en la materia, pero veo muchas clínicas por doquier y ya no te hablo de las peluquerías. Aparte de una cantidad ingente de locales con el cartel de «se vende» o «se alquila» o con ambos, quiero pensar que en el futuro se reconvertirán a alojamientos turísticos.

El comercio pujante de Málaga capital, que hace que muchos antequeranos vayan a pasar el día, es decir, comprar, comer y volver. Esto ya sin hablar de las compras *online.*

En los centros de las grandes ciudades como Sevilla, sucede, por ejemplo, en los pisos: ya no hay vecinos conocidos, ha venido la invasión de los pisos turísticos, es triste ver locales y más locales cerrados y sin actividad alguna, da la sensación de ciudades muertas.

Se cierran negocios y se abren otros, que en muchos casos duran pocos meses, con los gastos, de alquiler, seguridad social, electricidad etc., ven que no pueden vivir y cada vez hay más locales vacíos. El espíritu empresarial que es, en definitiva, espíritu de martirio. Ya no se trabaja ni mucho menos como antes, ya los trabajos de sacrificio, esfuerzo y tensión no los quiere nadie. Eso está claro.

Ya con tantos cambios es muy necesario reflexionar mucho, para tener cada cual criterios muy claros, sin ser arrastrados por el tsunami de las tendencias. Si no tienes criterios, deambulas por el mundo sin saber ni dónde vas. Este comentario es válido para todos, no solo los del sector agrícola o primario, que en general no es veleta ni aventurero, como lo son los que montan negocios efímeros en ciudades y pueblos. Y ya no hablo de la juventud, que me desconcierta la falta de planes para el futuro en su inmensa mayoría y solo piensan en el día, sin ver futuro ni tampoco el pasado.

4. La que se nos viene encima

Se estima que la población mundial es ahora de 8.000 millones, y llegará próximamente a los 10.000 millones en 2050, fundamentalmente por el aumento de la población en los cuarenta y seis países menos desarrollados, hoy ya no se dice subdesarrollados.

Esto es la causa de muchos movimientos migratorios, inevitablemente, digamos lo que digamos, eso sí, deberían ser estos movimientos con orden, en lo posible, aunque es sumamente difícil.

Esto de las entradas con orden no es por motivos políticos, es por motivos simplemente de orden, de control; en fin, unos criterios, los que sean, pero criterios, sabiendo que van a venir del extranjero sí o sí y además hace falta en muchos casos, ya que entre otras cosas nuestra natalidad es baja y por consiguiente hay disminución de la población. La migración es imparable de los países pobres a los ricos y hoy, agraciadamente, estamos en estos últimos.

Pero la cifra de población de nuestro planeta no habrá aumentado en el año 2100, nos quedamos ahí o con tendencia a la baja posterior. Los 10.000 millones marcarán el punto más alto de la población mundial para después una recesión o bajada. Cuando los países en vías de desarrollo dejen de serlo. Es lo que dicen los que estudian a fondo esta cuestión.

El que la población mundial creciese y creciese y que ello más o menos fuese el enorme problema del mundo es un asunto ya descartado.

El hambre en el mundo, que hace sesenta años se pensaba que iba a ser el gran problema de la humanidad, debido a un muy alto número de habitantes, que no hubiese comida para todos, esto ya está descartado.

Las técnicas que permiten una alimentación para todos están muy desarrolladas, otra cosa es que haya países que no tienen para comer en la actualidad ni una vez al día y que hay que ayudarles para que muy pronto salgan del subdesarrollo. Esto se estima sucederá en los próximos veinticinco años.

En consecuencia, en este período habrá una fuerte demanda de alimentos que después decaerá.

Pero, mucha atención, porque los próximos años hasta 2050 son cruciales, pues el aumento de alimentos será un 56 % mayor por el número de habitantes y por una dieta más equilibrada en toda la población mundial.

La cifra del 56 % de aumento de alimentos, es la que se refleja en la prensa de estudios especializados.

Estimo que en estos estudios se considera el consumo humano y que se haya tenido en cuenta la alimentación animal, que también ha de crecer, y mucho, para satisfacer las necesidades humanas. Aunque hay quien dice que no tardará mucho en fabricarse «carne» en modernas industrias de forma sintética o «química».

Lo cual, en definitiva, viene en línea con el respeto al animal, pero supongo que, con el tiempo, a través de la IAG (Inteligencia Artificial Generativa, es decir, que ella misma crea sus propios programas de desarrollo), llegaremos a entender el lenguaje entre animales, y esto puede llevar a una situación enormemente compleja que ahora no podemos ni imaginar.

En fin, centrando el tema, la alimentación ganadera necesita proteínas y se elaborarán muchos más piensos.

Por ello los avanzados en ideas van adelantándose al futuro y piensan que una alternativa para las proteínas en la alimentación animal puede ser en base a insectos en proporción destacable.

Así se está construyendo una planta en Salamanca que a plena producción alcanzará las 100.000 toneladas al año de insectos, concretamente del *Tenebrio molitor,* conocido como gusano de la harina, y el excremento se utilizará como fertilizante orgánico —los insectos más conocidos en este campo son, aparte del indicado, orugas, abejas, hormigas, saltamontes y grillos—; se inicia un nuevo mundo: la «insecticultura».

Aunque ya se vienen utilizando otros insectos, como la cochinilla, que, por su color rosa, da color a yogures de fresa, o bien sirve para el rojo de labios, por ejemplo.

El consumo humano y el consumo animal entrarán pronto en competencia con el modelo actual.

El aumento enorme del consumo de alimentos para la dieta humana en tan corto plazo es sencillamente brutal, tremendo; este aumento de la demanda, sin duda, traerá aparejado un aumento de los precios, por eso de que cuando la demanda aumenta, los precios suben y cuando no hay demanda los precios bajan inexorablemente.

Esta impresionante evolución, o revolución —es decir, evolución rápida— como jamás ha ocurrido, requiere una ampliación enorme de la agricultura a nivel internacional con logística adecuada y las áreas que le afectan, que dudo podamos afrontar en tan pocos años. Esto debemos tenerlo claro, pues es esencial para ver el futuro de la agricultura de forma inmediata.

El desafío es inmenso y lo tenemos encima. No debemos reducir la agricultura, sino potenciarla, y deprisa. Después se frenará y la población no crecerá. Esto es fundamental, el que no lo tenga claro debe estudiarlo y analizarlo, es un concepto básico que ha de verlo en profundidad para entenderlo.

Mucho de lo que ocurre de tener menos agricultura o no ampliar la misma, la tienen las «políticas verdes», que, aunque no sepan mucho de agricultura, etc., se acogen sin formación a lo «verde», porque suena bien, y es una forma de vivir, cuya actividad tiene futuro, visto lo visto, atención; pero todos, o casi, queremos respetar nuestro planeta, porque en él van a vivir nuestros descendientes.

Si hay un proyecto bonito de un ayuntamiento, pero toca algo de masa forestal, aunque la misma no tenga atractivo, estamos rompiendo el ecosistema, es cosa de manifestarse, y claro, los ayuntamientos retiran el proyecto. No tienen otra alternativa. Así que tenemos otro poder: el «poder verde». No pueden tomar acciones antipopulares que harán no poder seguir elegidos y por tanto no desarrollar sus programas.

Por otro lado, estamos viendo cómo en la Unión Europea cada día hay menos tierras agrícolas disponibles, por las medidas ambientales fundamentalmente. Pero no solo ello, sino el crecimiento de la superficie de las ciudades, el aumento de autovías y autopistas, carreteras y vías de ferrocarril.

Este criterio reseñado es muy claro, si usted, querido lector, duda de ello, infórmese por otras fuentes, pero si no tiene claro la demanda enorme de alimentos que se avecina, le aconsejo que no siga leyendo este libro. Es fundamental tener claro este punto.

Lo expuesto conlleva a una reflexión sobre la agricultura andaluza, donde tenemos esa bendición que es el sol, el clima y disponer de tierra. Se debe convertir la agricultura andaluza en un enorme motor de desarrollo agrícola dentro de la UE y necesitamos solo una cosa fundamental, que es agua para riegos por goteo de bajo consumo, de última generación, o riegos de precisión, como se dice ahora, que es más bonito.

El espléndido sol que tenemos será la causa de la disminución de las tierras agrarias, sustituidas por campos de placas solares; pongamos las placas donde no sea posible la agricultura, o terrenos muy de secano de poquísimo interés agrícola, aunque para ello es necesaria una infraestructura de transporte específica de la energía eléctrica que permita poner placas donde interese y no estén las mismas supeditadas a las líneas de transporte eléctrico instaladas y construyendo las nuevas necesarias.

Mucho futuro, eso sí, si se soluciona el tema del agua; sin resolver este problema no es posible el crecimiento de forma importante. Más adelante apunto sugerencias al respecto.

Si no resolvemos el problema del agua, significará en vez de dar un paso grande adelante, el no darlo y perder la opción de más riqueza para la región, lo que es bueno para todos. El tema del agua tiene solución, por ello se solucionará; lo que no se soluciona es lo que no tiene solución. Pero, por favor, que sea pronto es lo más urgente. Sería terrible no solucionar un tema que, solucionado, hará crecer el PIB de Andalucía de forma descomunal, como veremos más adelante, y ello produce más puestos de trabajo.

Los cultivos de Andalucía ocupan ya un sitio destacable en el suministro a Europa, de productos que otros países por su clima no pueden obtener. Con ello no digo nada nuevo a nadie, lo sabemos todos. Pero este sitio destacado debe serlo de manera muchísimo más alta.

La evolución del mundo, como todo lo que es hablar de futuro, es incierta, ahora de momento da la sensación de que la «globalización» ha fracasado y se tiende a un mundo «híbrido», es decir, cerrado pero no cerrado; cerrado pero también abierto. Que no dependamos en lo esencial de otros países. Esto es claro, pues si es así ya sabemos lo que pasa. Lo hemos visto con el Covid.

En fin, vamos a lo nuestro y centrémonos en el asunto del «cambio climático» y la degradación del medio ambiente, que es de enorme importancia como amenaza existencial a la que se deben enfrentar todos los países.

A ello obedecen un montón de leyes y normas de la Unión Europea para la industria, para la agricultura y para todo. De lo que muchos pensamos que es probable sea excesivo, al menos para acometer en tan poco período de tiempo.

Para actuar contra este desafío del cambio climático, actualmente hay doscientos países aproximadamente que han firmado hasta el momento el tratado internacional sobre el cambio climático, conocido bajo la denominación Acuerdo de París, el número va creciendo poco a poco.

Por cierto, el presidente de Estados Unidos, Joe Biden, en su primer día en el cargo firmó órdenes ejecutivas para la incorporación de Estados Unidos al Acuerdo de París, que tiene fecha de 4 noviembre de 2016, y al que inicialmente solo lo hicieron cincuenta y cuatro países, y donde los norteamericanos se negaban a suscribirlo, por lo mucho que supone para ellos como primera potencia industrial del mundo.

El objetivo del Acuerdo de París es limitar el calentamiento mundial.

Con el objetivo de cumplir con los compromisos adquiridos en este tratado, en 2020 la Unión Europea llegó al acuerdo denominado Pacto Verde Europeo. Pero ya desde mucho antes venía trabajando en este sentido.

La Unión Europea es la que lidera a nivel mundial este movimiento. Y había dictado ya previamente una enorme cantidad de directivas, tanto industriales como agrícolas, con esta clara orientación.

La UE, consecuencia del Pacto Verde, desarrolla de forma muy intensa una serie de planes que lo integran para adaptar las políticas de la UE, en materia de clima, energía, transporte y fiscalidad, con el fin de reducir las emisiones netas de gases de efecto invernadero en al menos un 55% de aquí a 2030. Es decir, los gases que conducen a este sobrecalentamiento.

Consecuencia de tantas normas, será el abandono de muchas explotaciones agrícolas. Se les olvida a los que hacen las normas que lo primero sería tener el agricultor una renta mínima, y para ello hay que producir alimentos, y los que están dictando Normas de Obligado Cumplimiento por parte de los productores no tienen probablemente un conocimiento de la realidad agrícola andaluza, que es diferente a la agricultura continental.

Procuraré explicarme lo menos farragosamente posible sobre estas normas. Las normas que reseño brevemente pueden ser un poco farragosas e incluso contradictorias, pero son así.

Entre las medidas adoptadas nos encontramos:

- **Estrategia Industrial Europea.** Se trata de un plan para lograr que las empresas y las industrias europeas lleven a cabo su transición ecológica de forma competitiva.

  Las normativas industriales han sido una cadena continua desde principios de este siglo.

  Hay palabras que tienen una enorme acogida por lo maravillosas que son tal como «transición ecológica», que suena estupendamente, y que es un invento político, que, quizá sin saberlo los que las pregonan, trae como consecuencia una disminución de la capacidad de producir si se hace precipitadamente, y no se puede afrontar. Esto ha sido causa, y lo sigue siendo, del cierre de muchas industrias.

- **Plan de Acción para la Economía Circular.** Es el plan para el reciclado, tiene como objetivo optimizar el uso de los recursos y minimizar los residuos por reutilización y reciclado.

  En este sentido existen muchas líneas de trabajo para transformar los subproductos agrícolas en productos tales como los abonos orgánicos y también en energía a través de la biorrefinería —obtención de energía a través de la descomposición de restos agrícolas—.

El gobierno andaluz aprobó en septiembre de 2018 la Estrategia Andaluza de Bioeconomía Circular.

Que no se piense ni remotamente que esto de la Economía Circular es solución para la obtención de un enorme porcentaje de nutrientes para los cultivos, no es así; el estiércol en el campo siempre se ha reutilizado en la agricultura.

Está bien reutilizar todo lo que se pueda, evidentemente, y hay que hacerlo y no contaminar, todos estamos de acuerdo, pero demonizar a los abonos minerales no tiene sentido, los que así piensan es porque no tienen la preparación suficiente del tema, ya que los mismos son indispensables, dicho de forma genérica, utilizándolos adecuadamente. Lo que se recupera es una pequeña parte de lo que se necesita, así que, queramos o no, nos guste o no, los abonos minerales son absolutamente imprescindibles si queremos nutrir los cultivos.

- **De la Granja a la Mesa.** Esta estrategia se centra en la agricultura y en la creación de un sistema alimentario más saludable y sostenible. Yo inicialmente pensaba que, con este nombre, se refería a la cadena de distribución, a que fuese más corta; es decir, ventas del agricultor al consumidor, pero no es así. Por su nombre, no entendía de qué iba la ley comentada.

¿Sostenible?, es un término para mí raro, hay que conseguir que la actividad del agricultor sea sostenible, se dice y repite y yo digo «pues claro» porque insostenible no puede continuar, si la empresa no es sostenible tendremos un erial perfecto, por abandono de la tierra.

Algunos de los puntos de esta ley son:

— Reducir en un 50 % el uso de plaguicidas contaminantes del medioambiente —actualmente suspendido, sencillamente era una barbaridad dejar que las plagas se coman las producciones agrícolas—. ¿Por qué han dicho un 50 % y no un 20 % o un 100 %? Estamos hablando de, de los productos autorizados, bajar el consumo a la mitad, sin más. Y de la lista de fitosanitarios ya fue prohibida una barbaridad, como veremos más adelante.

En el olivar, por ejemplo, ya se han prohibido los insecticidas y los herbicidas más efectivos que había. Esto ha traído como consecuencia dos cosas: una, un mayor consumo de gasoil para desbrozar el terreno, y otra consecuencia, una disminución de la cosecha.

En una plantación nueva, por ejemplo, no se pueden utilizar herbicidas de preemergencia, por lo que hay que arar o desbrozar el 100 % de la superficie.

Las piretrinas, que son unos compuestos naturales ya con muchos años, aunque me acuerdo cuando salieron al mercado, hoy son la única arma que hay para controlar el *Prays*, el *Glifodes* y la mosca del olivo y por si fuera poco no hay ningún producto autorizado para controlar la *Euzofera* —abichado—.

— Reducir las pérdidas de nutrientes en al menos un 50 %, sin alterar la fertilidad del suelo, se refiere a los fertilizantes nitrogenados fundamentalmente que, disueltos en agua, terminan contaminando la misma con los nitratos.

Por esta causa se ha incentivado la investigación en este sector ampliamente, aunque ya se estaba en ello desde hace unos años y en franco desarrollo, principalmente por los americanos.

Para ser retenido el nitrógeno por el suelo y haya menos pérdidas por lavado es un tema reciente y ya puesto en práctica en muchos países como España, en esto hay que tener cuidado, para que no «cuelen como eficaces» productos que no lo son. Estamos hablando de inhibidores de nitrógeno amoniacal y de nitrógeno ureico muy mayoritariamente. Esto está encaminado y hay avances constantes. La tecnología va disparada.

— Reducir el uso de nutrientes y fertilizantes que repercuten negativamente en la biodiversidad y el clima en, al menos, un 20 %. Esto de momento está aparcado. Es, además, una declaración genérica no matizada. Vamos a disminuir el consumo de fertilizante sin más razones, ni más concreciones.

El Servicio de Extensión Agraria fue creado en 1956, precisamente para montar una Red Nacional de Apóstoles que convencieran a los agricultores de que había que abonar más los cultivos, porque el país necesitaba producir mucho más, había hambre. Ahora, por lo visto, se pretende producir menos.

La reducción del consumo de fertilizantes se está haciendo o se ha hecho porque, debido a sus precios, a la incertidumbre y a la precaria situación económica del agricultor, se procura escatimar la cantidad a situaciones irrisorias. Y producir lo que se pueda, con el mínimo gasto de cultivo, pues no hay para otra cosa. La disminución de dosis se cumple a rajatabla, sencillamente porque las economías lo requieren. Y el consumo global de España ha bajado de forma muy sustancial y diría que casi alarmante, en números totales.

- **Desarrollo de los cultivos ecológicos** en la Unión Europea para que en 2030 supongan el 25 % de todas las tierras agrícolas. Si la mitad de la agricultura del mundo fuese ecológica, tendríamos un problema muy grave de hambruna en el mundo, y evidentemente precios más caros. Y mientras, un aumento de las importaciones de forma sustancial.

- **Nueva política agraria común (PAC)** para el período 2023-2027: el objetivo principal es que los agricultores y ganaderos se orienten a una producción más sostenible y respetuosa con el medio ambiente y puedan adaptarse al cambio climático, manteniendo la rentabilidad de las explotaciones agrícolas, produciendo menos. Es decir, las ayudas las dan por temas ecológicos básicamente, pero no productivos; se premia el medio ambiente, pero no la producción. Tomen nota de ello. Más importaciones.

La PAC por producir menos, mediante actuaciones ecológicas, y me pregunto: ¿está suficientemente demostrado que utilizando todos los medios técnicos que tenemos al alcance se contamina? ¿O se falta el respeto al medio ambiente? Esto da para otro libro.

Para estos objetivos a nivel nacional contamos con los recientemente definidos ecoesquemas.

Los ecorregímenes, o ecoesquemas, de la PAC son pagos anuales que se hacen a los agricultores que acepten de forma voluntaria la puesta en marcha de las prácticas medioambientales y que se pagan por hectárea y se señalan en los ecoesquemas, que son varios. Como ejemplo, la agricultura de conservación y siembra directa.

El fallo número uno de la implantación de los ecoesquemas es que son voluntarios.

Pregunta: si son tan necesarios, ¿por qué no son obligatorios?

Y el fallo número dos es que la compensación económica es demasiado escasa.

Un tractor arando superficialmente un olivar consume seis o siete litros por hora de gasoil y desbrozando una cubierta vegetal consume del orden de diez litros; lo que no gastamos en herbicidas y más lo aumentamos con otros costos.

Fallo integral: el gran fallo de la implantación de los ecorregímenes es hacerlos de forma universal, sin contemplar las muy diversas climatologías. En Asturias se aprovecha el forraje de las plantaciones de manzanos para alimentar el ganado y en Andalucía hay zonas en las que para tener una correcta cubierta vegetal en un olivar de secano, hay que sembrarla. Hay mucha diferencia económica entre una cosa y otra.

Aparte de lo expuesto, tenemos muchas más normas, entre las que destaco:

- **Cuaderno digital de explotación agrícola (CUE).** En este cuaderno se registrarán los tratamientos fitosanitarios y fertilizantes aplicados a la explotación, entre otros muchos datos. Este cuaderno es difícil de elaborar para un agricultor, por no decir imposible, y tendrá que recurrir a técnicos especializados, por lo que está provocando la creación de una serie de empresas de servicios que venden cumplimentar el Cuaderno a los agricultores, aunque la propia Administración aún no ha confeccionado el definitivo, que sería suficiente si fuese simple y fácil para cumplimentarlo cualquier agricultor.

Y deben guardarse las facturas de al menos tres años de productos y de empresas que hayan hecho los tratamientos. Esto desde luego no es ningún problema para ningún ciudadano normal.

Muchas de las denominadas Empresas de Servicio no están preparadas técnicamente y el agricultor está entre la espada y la pared, porque tiene que cumplir unas normas, que son muy prolijas y probablemente las empresas de servicios no estén muy al día de la normativa, con lo cual el agricultor acaba haciendo una actividad para la que a lo mejor no estaba autorizado.

Además, en el CUE hay que reseñar los certificados de inspección de equipos en las inspecciones obligatorias. Esto se cumple bien, pero es una reiteración el tener que demostrar el cumplimiento, esto lo tienen suficientemente justificados los sellos y los certificados que obran en poder del propietario de las máquinas.

En su caso también boletines de análisis de residuos de productos fitosanitarios realizados sobre sus cultivos y producciones. Esto, entiendo, está sobrando, si un producto fitosanitario está autorizado y por tanto cumple con todos los controles que pueda generar, pues ya es suficiente. Así como albaranes de entrega o facturas de venta de la cosecha.

Da la impresión de que los responsables de que se haga este CUE han llegado al mundo de la actividad agraria sin saber mucho de ella y pretenden recoger en el CUE datos, informes, certificaciones, justificantes y todo tipo de documentos de obligado cumplimiento que vienen siendo asumidos por el Empresario Agrario desde mucho antes de que se les ocurriera crear el CUE, en definitiva como un parte diario de lo que hace cada agricultor.

Se ha conseguido que se demore su puesta en marcha, pero bueno, esto es un parche y se presionará para que sea de otra forma y se inicie poco a poco de forma voluntaria. Este ha sido uno de los motivos de las manifestaciones y protestas de los agricultores.

Es una auténtica aberración obligar a un agricultor normal a que lleve anotado digitalmente todo lo que realiza. La inmensa mayoría no tiene ordenador y si el técnico se pasa toda la jornada laboral en la mesa, termina desmotivado y no ayuda a mejorar los cultivos con su presencia en el campo, hay ya numerosos casos al respecto. Se lo tiene que hacer un profesional, lo que ocasiona, en definitiva, más gasto. Claramente esto tendrán que cumplimentarlo técnicos contratados por el agricultor preparados a tal efecto.

- **Zonas con limitaciones naturales.** Estas normas 1305/2013 Reglamento FEADER (Fondo Europeo Agrario de Desarrollo Rural) compensan a los agricultores de determinados municipios por las desventajas que supone realizar en ellos la actividad agraria limitada a agricultores a título principal, entre otras cosas para evitar el despoblamiento de áreas marginales.

   Se clasifican para tales efectos tres tipos de zonas —delimitadas a nivel municipal—:

— Zonas de montaña.
— Zonas distintas de las de montaña con limitaciones naturales significativas —antiguas zonas «intermedias»—.
— Zonas con limitaciones específicas —zonas en el entorno de los Parques Nacionales: Doñana y Sierra Nevada—.

- **Sistemas Agrarios de Alto Valor Natural (SAVN).** Este es otro concepto más describe los tipos de agricultura y de tierras agrarias en las que, debido a sus características, es de esperar que albergue unos niveles elevados de biodiversidad de especies y hábitats de interés. Estos sistemas se caracterizan por una combinación de:

— Baja intensidad de las prácticas agrarias.
— Presencia de vegetación seminatural.
— Presencia de un mosaico paisajístico.

La característica dominante es la baja intensidad de las prácticas —baja carga ganadera, reducido uso de fertilizantes y fitosanitarios...— en el campo situado en estas áreas.

- **Red Natura.** Otro tema constituido por espacios de alto valor ecológico que tienen por objeto garantizar la supervivencia a largo plazo de los hábitats y especies de mayor valor y más amenazados.

  En España hay 2,67 millones de hectáreas: 2,59 millones de hectáreas terrestres más 70.000 hectáreas marinas, en esta ley.

  Andalucía representa cerca del 30 % de la superficie reseñada de Red Natura; está integrada por sesenta y tres Zonas de Especial Protección para las Aves (ZEPA) y ciento noventa Lugares de Importancia Comunitaria (LIC), de los que ciento sesenta y tres están declarados Zonas Especiales de Conservación (ZEC).

Los LIC son un paso intermedio seleccionados por la Comunidad Autónoma.

En el espacio marino limítrofe está dentro del ámbito competencial de la Administración General del Estado y no de la Comunidad Autónoma.

- **Agricultura de conservación.** Sistema de producción agrícola sostenible que comprende un conjunto de prácticas agronómicas adaptadas a las exigencias del cultivo y a las condiciones locales de cada región, cuyas técnicas de cultivo y de manejo de suelo lo protegen de su erosión y degradación, contribuyen a la preservación de los recursos naturales agua y aire, sin menoscabo de los niveles de producción de las explotaciones. Incluye las técnicas de siembra directa —no laboreo—, mínimo laboreo —reducido, en donde no se incorporan o únicamente en breves periodos, los residuos de cosecha— y establecimiento de cubiertas vegetales entre sucesivos cultivos anuales o entre hileras de árboles en plantaciones de cultivos leñosos.

Establecimiento de un cultivo anual en un terreno que no recibe labor alguna desde la recolección del cultivo hasta la siembra del siguiente, en el que se ha procurado mantener el suelo cubierto mediante la distribución homogénea de los restos del cultivo anterior evitando la compactación excesiva por el paso de la maquinaria y el ganado, y controlando las hierbas previamente a la siembra mediante la aplicación de dosis reducidas de herbicidas de baja peligrosidad; las sembradoras han de ir acompañadas de discos cortadores separadores de rastrojo. Esto es una buena práctica en los cultivos herbáceos.

Del total de la superficie de siembra de Andalucía —superficie de siembra tradicional + superficie de siembra directa—, la siembra directa en Andalucía representó un 12 % en 2019; a escala nacional, la superficie de siembra directa de Andalucía representó un 13 % en 2019 en cereales, que es el principal grupo de cultivo en el que se implementa siembra directa.

En el 62 % de la superficie de barbecho de Andalucía se llevaron a cabo técnicas de mantenimiento del suelo asociadas a la agricultura de conservación en 2019: cerca de 90.000 hectáreas de barbecho y de mínimo laboreo.

Cerca de 100.000 hectáreas establecieron cubiertas vegetales.

Tanto por su importancia productiva como por su preponderancia en el territorio andaluz, el olivar es el principal cultivo leñoso que implementa técnicas de mantenimiento del suelo asociadas a la agricultura de conservación.

Bueno, algún amigo que ha leído esto antes de publicarlo me dice que es farragoso y complicado, y sí, efectivamente lo es, pero es así y lo he reducido todo lo que me ha sido posible. En fin, hay un mar de normas agrícolas.

En definitiva, ocurre que La agricultura andaluza está caracterizada por una gran diversidad de cultivos: cereales, hortícolas, frutales, vid, olivar, arroz, etc., y por unas condiciones agroclimáticas en gran parte muy distintas a la mayoría de la Comunidad Europea, que tiene una agricultura continental y no mediterránea.

Esto estando dentro de la Comunidad Europea, nos hace un tanto diferentes con la mayoría de la agricultura que la integran, que tienen otro clima. No tenemos ningún parecido con la agricultura alemana, por ejemplo —en su día estuve visitando diversas cooperativas y fincas en este país, es un mundo muy diferente a Andalucía, no se parece la agricultura en nada, tienen una pluviometría y temperatura muy diferente al nuestro—.

Esto, desde luego, está claro, creo que los legisladores no lo están teniendo en cuenta, que la agricultura andaluza es muy diferente y legislan para la enorme mayoría. Tenemos claramente en Andalucía, un panorama agrícola muy diferente al del resto de la Unión Europea.

En Andalucía no tenemos un clima continental como en Europa, sino un clima mediterráneo, como el sur de Italia y el sur de Grecia, pero ambas con muy poca superficie de estas características. Yo diría que tenemos un clima africano, porque en definitiva lo que nos separa de

África no son más que los catorce o quince kilómetros del Estrecho de Gibraltar, es decir, nada. Esto hemos de tenerlo claro.

La UE lidera el movimiento del Pacto de París a escala mundial, somos los que vamos por delante y, como ya sabemos, los pioneros son los que suelen recibir más bofetadas, los que tiran del carro. Pero a los andaluces nos afecta más por lo dicho y porque tenemos un abanico muy alto de cultivos; en la mayor parte de Europa el abanico de cultivos es corto y las producciones altas por la abundancia de lluvia.

Por otro lado, los agricultores están desconcertados y sus quejas van cargadas de razón. No van desencaminados cuando reclaman simplificación administrativa, ya que la agricultura europea es la agricultura de los papeles.

Los agricultores andaluces no son ni han sido nunca personas de despacho y de papeles. Ya las nuevas generaciones es otro mundo.

El farrago administrativo hace el campo mucho más complejo y tiene un efecto negativo sobre el empleo y desde luego un impacto negativo sobre la rentabilidad. Todo ello influye, entre otros factores, en un aumento del despoblamiento de localidades pequeñas, ante el nuevo giro agrícola y la evolución de la economía.

Un agricultor necesita ya la colaboración de técnico agrónomo, veterinario, asesor fiscal, etc., que en definitiva le supone entre otras cosas un coste añadido a los otros muchos que impone la UE y, además, la inquietud de que, con tantas normas, por desconocimiento o imposibilidad no cumpla alguna y le den palos muy variados económicamente hablando, por no cumplir lo que no sabía tenía que cumplir. Pero ya sabemos que el desconocimiento de una ley no exonera su incumplimiento.

Los economistas sentencian que «normativa más compleja impone una carga que las empresas pequeñas y con menos experiencia están menos capacitadas para manejar». Más costo, los precios de venta son los que son y el agricultor pequeño se ve abocado a la ruina.

En lenguaje de calle, es lo que denuncian las organizaciones agrarias. Y que los que no tienen nada que ver con el campo, piensan en buena medida que, probablemente, las manifestaciones tengan más carácter político y de querer más, cuando realmente se trata simplemente de poder vivir.

¿Por qué no obligan a todos los negocios de hostelería, independientemente de su tamaño y especialidad, a llevar un Cuaderno Digital?

La respuesta es clara: porque no reciben una subvención, que es una maldita palabra.

En fin, es previsible que, como las ayudas de la PAC no sean importantes y cada vez menores y no aseguren la supervivencia de las explotaciones, muchos agricultores renunciarán a ellas para no tener esas obligaciones. Quizá esto es lo que se pretende.

Está claro que la dirección u orientación de la Unión Europea sin duda es buena, es sensata; ahora bien, si ocurre que todo queremos hacerlo de golpe y además produce un mayor coste, no siendo competitivos en muchísimos casos con las importaciones, pues aquí tenemos el problema y además se nos tendría que proteger mucho más de las importaciones, y vamos en otra dirección.

Conviene por ello que la transición sea más lenta, para minimizar el impacto y que no haya descalabros de la noche a la mañana. Y dar tiempo a que las personas se adecúen y sus economías no sufran demasiado.

Cuando ingresamos en la Unión Europea, sufrimos mucho las nuevas normas en la Industria. La normativa comunitaria es y ha sido terrible, se ha cargado a muchas industrias, muchísimo tejido industrial en España y supongo que en otros países, pero ya con la agricultura el tema se complica, se pone las pilas toda Europa, ante tanta normativa, de momento no se ha quitado nada, solo se nos ha dado más plazo en algunas cosas o bien se han aparcado, pero no derogado. Ya veremos.

Antiguamente, ya en época de los griegos y después de los romanos, el «roturar» la tierra, es decir, preparar la misma para ser cultivada, era una obra de alabanza a los que la hacían, las tierras eran «vivificadas», evidentemente no se debe poner todo en cultivo, sino dejar zonas sin la intervención para nada de la mano del hombre, buscando equilibrios.

En fin, el agricultor se encuentra en un mar de incertidumbres.

De lo expuesto, ruego no fijar el punto de mira en alguna imprecisión por mi parte o en más cosas que me haya dejado en el tintero, se trata sobre todo de expresar la idea.

He tratado nada más de exponer una pincelada de una situación en la que el agricultor se ve inmerso, en aumento de costes, continuas nuevas leyes, decretos, normas cambiantes, y queda desanimado, sin saber cómo va a estar mañana y si tiene que irse de la actividad y adónde, pues no conoce otro sitio.

Todo ello aderezado por redes sociales que hacen que el mañana no lo vea nada claro si hacen inversiones, pues ello supone pedir préstamos y no sabe ante tanto cambio si podrá pagarlos.

Una gran intranquilidad, por ello no toma iniciativas en muchos casos, ante lo que tiene encima queda paralizado.

Si el agricultor recibiera un precio justo, no serían necesarias las ayudas de Europa de la PAC, es el único empresario que, aunque no perciba ingresos suficientes, se consuela viendo su campo en buen estado vegetativo, por lo que es muy difícil echarlo de sus tierras, a no ser que no haya relevo generacional. Ese es el problema más grande que existe en nuestra Andalucía agrícola, el relevo generacional.

Estamos inmersos en una tremenda revolución tecnológica, consecuencia de los desarrollos informáticos en alta medida, donde irrumpe en el campo, maquinaria «inteligente» que nos permite automatizar trabajos y labores antes ni soñados.

Tenemos los drones encima, nunca mejor dicho, que evolucionan como artefactos para conseguir más carga, a la vez que productos a distribuir más concentrados, y los mismos dirigidos por programas informáticos de precisión nos permitirán hacer nuevos trabajos de forma cómoda y exactitud increíble.

La mecanización al pequeño propietario le es difícil porque no tiene producción o superficie para ello, por esta y otras circunstancias se avecinan muy malos tiempos para el agricultor pequeño.

El personal para el campo se jubila y no se repone y los jóvenes tienden a otros trabajos en los que vislumbran un futuro más interesante para ellos, ven los sufrimientos de los padres con la agricultura y dicen: «¡Esto no lo quiero para mí!». Salvo excepciones, que en todos los temas los hay.

5. Las denostadas empresas de productos químicos

Las vemos como enemigos peligrosos no deseables, las hemos demonizado y punto.

La enorme información, la reiterada información que es bien acogida, es decir, aceptada por la generalidad, va constituyendo una mentalidad mayoritaria al respecto, en muchos casos equivocada, con la que es más que difícil luchar, no se puede estar enfrentado a todo el mundo.

Aunque no sea razonable y paguen todos, los justos y los pecadores.

Instalar una empresa de productos químicos no es nada fácil, más bien horroroso, ya se encargarán los salvadores de la naturaleza de atacarla a fondo e impedir como puedan que no se haga, y si se hace pues tendrá la vida complicada. Así que mejor es importar y no producir, una frase que desde luego no tiene nada de lógica, es mejor producir para exportar, es lo que crea riqueza y, por tanto, bienestar.

Todo lo que es producto químico por definición es malo; no es así, pero así es entendido.

Bien, una manzana también, en definitiva es un conjunto de diversos productos químicos, todo es «producto químico».

Pero el lenguaje está cambiando, los conceptos están variando, ahora se entiende por «químico» lo fabricado, y lo «natural» es lo químico no fabricado. En la época actual estamos cambiando el idioma aceleradamente, cambios desde luego hasta ahora no reconocidos por la Real Academia de la Lengua.

Mire, usted hace un proyecto de una planta de fabricación de «químicos», se presenta a los organismos, te piden mil explicaciones y requisitos, se tarda mucho tiempo en los trámites, vamos a pensar que finalmente se aprueba, se construye y después es bastante probable que la Licencia de Apertura te cueste años conseguirla, con muchos más requisitos, y mientras eres un ilegal; lo digo por experiencia propia, he tenido varios episodios increíbles y dantescos.

Un alcalde me dijo: «Jamás firmaré yo una Licencia de Apertura de Productos Químicos, ni en presencia de mi abogado». El alcalde no quería tener líos, ni en ese momento ni en el futuro, y que fuese acusado por ello.

En otro Ayuntamiento no nos daban la Licencia, ni sabíamos por qué, así que dedicamos una persona nada más que a ello e ir todos los días a los organismos de bloqueo, para ver qué más querían. A los seis meses más o menos, por fin, la conseguimos, yo ni me lo creía, fue sin duda por insistencia continua y, eso sí, llevando nuevos papeles que se nos demandaban.

Ahora bien, como haya un accidente y no tengas la Licencia de Apertura, sobre un proyecto aprobado y ejecutado, serás juzgado por lo penal a no ser que la suerte te acompañe, lo que no suele ocurrir. Lo vas a tener muy complicado, vas a perder el sueño, al menos, y estarás con la mente puesta en un porvenir muy incierto, en un tema que tú has seguido paso a paso todo lo que se te ha requerido. Soñarás con la cárcel.

De la empresa son responsables los dueños, los directivos y los supervisores inmediatos, ahora con el *compliance* se procura poner orden en quién es responsable penal de cada cosa, pero, aun así, el problema que se te plantea es muy grave, fundamentalmente para el empresario, aunque la culpa no sea de él.

Se aplaude lo natural y se ataca lo sintético. ¡Ya está!, hemos dado por fin con la verdad y eso es lo que hay.

«¡Ecología, ecología!», aplaude todo el mundo; es decir «alimentos naturales», pero en menos cantidad, menos producción y, lógicamente, más caros. ¡Pero esto de pagar más, es harina de otro costal!

Hoy ir con algo que no sea la ecología, se estima o se generaliza como una aberración, ¡hasta ahí podíamos llegar! ir contra la ecología es ser un monstruo impresentable. Es para no hablar con el individuo que sea capaz de decir ello.

Miren, no quiero entrar en política para nada, nunca lo he hecho, yo en mi profesión y trabajo y punto, no hay tiempo para más. Pero la política ha entrado en la ecología, porque hoy ser ecologista es ser de izquierdas, y no serlo es ser un facha, lo cual es totalmente absurdo.

Si se quita la ayuda de trescientos euros/hectárea de olivar ecológico, ya veríamos lo que hace la inmensa mayoría y cuántos olivos ecológicos dejarían de serlo, siendo los mismos, sin cambiar nada; ya eran ecológicos, salvo en papeles.

Mientras tanto ocurre, nosotros sí que tomamos medicamentos «químicos» para solucionar gran parte de nuestros problemas de salud. Nosotros sí, para nosotros es bueno.

Pero es que a nosotros nos dan salud y, a los vegetales, los productos químicos los contaminan y eso hace que nos quiten ellos la salud. Una vaca puede tomar productos «químicos», pero en los vegetales se quieren suprimir o minimizar para cuidar el medio ambiente. No a los que maten bichitos, sino a todos.

Ya de por sí, hablar de productos químicos en sí es una barbaridad, es como hablar de toda la humanidad si es buena o mala, hay que seccionar, y al hablar de productos o gamas concretos no se puede generalizar ni meter todo en el mismo cajón. Y esto es lo habitual en el mundo de hoy, las generalizaciones, pille a quien pille.

Si un determinado producto se fabrica es considerado como «malo», pero si este producto lo da también la naturaleza, entonces es «natural». Se da y mucho la paradoja que exactamente el mismo producto es bueno o malo según su procedencia. ¡Qué cosas!

Aquí hay una clara «discriminación de productos», cuando ahora ya no se discrimina a nadie, ahora empezamos a discriminar productos.

El significado actual de «químico», que algunos también llaman de «síntesis» en una nomenclatura «progre», que no es la clásica de toda la vida, que nos enseñaron, y dentro de la química, que es todo, pues teníamos dos ramas: la orgánica —que es la que tiene átomos de carbono en sus moléculas— y la mineral —que no tiene átomos de carbono en sus moléculas—.

Ocurre simplemente que, por no tener conocimientos mínimos de química, ni periodistas, ni el público, ni casi nadie, y se habla por todos, sin saber del tema, en su inmensa mayoría y puede que los que saben, como entienden que no pueden luchar con el mundo, generalmente callan.

Si una molécula orgánica la genera un vegetal, esto es natural, pero si exactamente la misma, repito, exactamente la misma, se fabrica en una industria, esta molécula ya no es natural, es «química», hay que tener mucho cuidado con ella. Lo cual evidentemente es una tontería.

Ahora sale algo nuevo en televisión y todo el mundo sabe mucho de todo.

Así que es mejor no fabricar, e importar, no producir y comprar, dicen muchos. Apañados vamos. A eso creo que estamos dirigiendo la industria química, a cerrarla. Así somos de listos. Espero que pronto lo lógico se imponga, aunque parece que el que se imponga la lógica va para largo.

Se dictan importantes medidas y un período para ponerlas en marcha, y si no pueden, entonces se cierran fábricas; lo he visto y en no pocas ocasiones. Durante años, cierres y más cierres; me da la sensación de que se cierran muchas más que las nuevas que se abren, por ello la pérdida de la potencia industrial de España, esto no afecta mucho a Andalucía, pues poca industria tenemos; los políticos han preferido ponerlas en otros lugares más conflictivos para ganar votos, aquí en Andalucía, como somos más sufridos y menos protestones, pues nos la dan todas en el mismo lado.

Por ello somos, con mucho, la autonomía española con más desempleo, concretamente el 17 %, muy por encima de la media y alejados de otras que no llegan al 10 %. Esto me pone de mal humor. Cuando listillos de por ahí vienen a decir que a los andaluces les gusta trabajar poco, cuando las inversiones que producen puestos de trabajo las han hecho en otras autonomías, vamos a llamar, por cuestiones políticas.

Bueno, como opinión, parece que todos los que cuidan de las leyes, órdenes y decretos fuesen «ecologistas», aunque muchos les falte preparación. Es como si para ser ecologista, no hiciera falta ningún tipo de estudios, listos de nacimiento.

Las normas que se dictan por la Administración Pública, esta contrata para su seguimiento con ECAs (Empresas de Control Autorizadas), las cuales, evidentemente, han de estar muy bien con sus jefes, es decir, con la Administración, por lo que no toleran nada, es más, piden más cosas que la propia Administración.

Claro, el que no cumple nada, no está de alta en nada de ello, vive feliz hasta que le empiecen los problemas. Lo que yo he visto es que no van inspecciones, porque en el papel esas empresas no existen y lo de los organismos, me dijeron que para ir había que hacer una denuncia, yo no he hecho denuncias a nadie, me parece algo fuerte.

Una vez alguien me acusó de haber denunciado a un competidor, lo esgrimía para atacar, pero agraciadamente se vio que no era yo, había sido un empleado despedido de la empresa de la competencia en cuestión. Lo pasé mal, ya había muchos de la competencia que se frotaban las manos. En general, el mercado y la competencia de las empresas son terribles, solo desaparece cuando te jubilas y en numerosos actos no son de señores precisamente. Hay de todo.

Si lee esto alguno del sector, es bastante posible que conozca el caso. Evidentemente, esta difusión de lo «que le parecía era» causó daño a la empresa y a mí; era falso, un bulo, un *fake,* como se dice ahora. Las denuncias han de llevar el nombre y firma del denunciante, salvo en el tema de la cadena de alimentación.

Hay que tener cuidado con las opiniones, si no hay certeza es mejor callarse. «Las apariencias engañan», esto lo compruebo cada día, se crea uno una opinión de otra persona y cuando la trata, ves que lo que pensabas no era así, ni remotamente.

En fin, sigamos, ya que me he ido por las ramas. Pero es que amigos buenos me aconsejan: José Luis, a la edad que tienes, ya puedes escribir lo que te dé la gana, y no te preocupes, hay muchos que escriben de todo con menos objetividad que tú. Si ochenta años son ya demasiados, sabes que te queda poco recorrido y además con problemas de goteras de todo tipo.

6. Los productos plaguicidas: los malos de la película

Muchos les llaman «venenos» —venenos, palabra terrible—. Por favor lean esto despacio, es importante: a los medicamentos no le llaman venenos.

Gracias a los productos fitosanitarios, en alta medida, se ha quitado mucha hambre en el mundo. En vez de que los productos agrícolas se los comiesen los bichitos malos o las enfermedades, evitando ello, hemos comido lo que de otra forma no hubiésemos tenido.

Después de la Segunda Guerra Mundial hacían falta cosechas, eliminar el hambre, y se empezaron a utilizar insecticidas para eliminar bichitos, y después, con el tiempo, se vio que algunos eran malos para las personas, de lo que la prensa hizo muy amplio eco, pero esto es pura historia.

En la Unión Europea, con buen criterio desde luego, las materias activas de los fitosanitarios se han ido prohibiendo año tras año, empezando por las más peligrosas; aquí habido una enorme limpia.

La investigación en la industria ante estas medidas se ha acelerado buscando soluciones alternativas y ha dado avances gigantescos en los productos fitosanitarios.

Ha habido muchos casos en que se ha prohibido un producto fitosanitario y no habíamos descubierto todavía cómo se solucionaba el problema, con el consiguiente perjuicio para el agricultor, pudiendo perder la cosecha y no poder solucionarlo.

Esto es mucho más destacable en Andalucía, donde tenemos una agricultura mediterránea de cultivos muy diversos, y bastante diferente de la Europa continental; lo hemos sufrido por ello mucho más.

Antes había trescientas cincuenta materias activas aprobadas, hace aproximadamente veinticinco o treinta años se han venido prohibiendo poco a poco, y hoy solo quedan cincuenta, generalmente las menos eficaces, las más simples e inofensivas, creo que reducir más es imposible, pero bueno, aquí no se para de recibir sorpresas, aunque algunas a lo mejor es bueno quitarlas solo para disminuir el número, que siempre queda bonito.

Esto ha conllevado al cierre de muchas empresas, cosa que he vivido de cerca. Y fusiones de empresas con objeto de alcanzar una fuerza que les permita investigar en el desarrollo de nuevos productos, para lo que se requieren generalmente muchos recursos, salvo que haya un golpe de suerte, objetivo muchas veces que no se ha podido culminar. Así se cerró en España, en líneas generales, la fabricación de estos, evidentemente con la pérdida de muchos puestos de trabajo.

Estas grandes empresas creadas con fusiones, absorciones, etc. venden algunos productos de siempre en los países que no son la Comunidad Europea y dedican grandes recursos a la investigación, pues por ahí van los tiros. Estos productos prohibidos en Europa no pueden utilizarse en otros países para los productos a exportar, ya que por sus residuos serían detectados y rechazados, aparte de controles en origen y destino.

Por lo general van quedando pocas empresas y multinacionales, por lo dicho. Estamos hablando de que seis de las mismas suministran el 75 % del consumo global.

Algunas multinacionales se han retirado de producir fitosanitarios, porque le da mala imagen en el mercado de vender «matabichos», y han decidido dejar de fabricar «fitos», pues les perjudica la imagen de otros productos que fabrican.

Se han reemplazado los fitosanitarios prohibidos en la UE por otros, por lo general menos efectivos, pero eso sí, sin daño ambiental ni, por supuesto, personal. Productos en su mayoría que el que lo descubre, lo vende más caro para resarcirse de los gastos de investigación efectuados y tener fondos para acometer otros.

En la Comunidad Europea, conseguir que la misma registre y, por consiguiente, autorice dentro de ámbitos muy concretos un producto, requiere entre diez o quince años, no menos, es decir, un período enormemente largo, muchas pruebas, estudios de mil tipos y lo más normal es que se quede en el intento de registro y por supuesto, costoso, con todos los requisitos que necesita.

Ese producto previamente necesita años de investigación por parte de la empresa, lo que, en definitiva, hace que, a escala mundial, solo poquísimas empresas pueden disponer de él.

Por otro lado, la Unión Europea es muy estricta en cuanto a llegadas de otros países de productos contaminados y hay una estructura muy organizada para que ello se respete. Salvo alguna excepción, que puede haberla, lo que entra de otros países no tiene rastros de residuos problemáticos; si los hubiese, sería un verdadero escándalo público.

La Unión Europea, a través de su estrategia «De la granja a la mesa» planteaba reducir un 50 % el uso de los productos fitosanitarios de aquí a 2030, mediante el Reglamento de Usos Sostenibles de los Pesticidas (SUR), es decir, utilizar la mitad de las dosis. Una reducción drástica, y no apoyada por criterios técnicos. Puede ser un obstáculo insalvable si se quiere mantener la agricultura en términos admisibles de cosecha. Bueno, han aparcado el tema, pero solo de momento, ya que vamos inexorablemente en esa dirección.

Los productos fitosanitarios son indispensables para el agricultor, aumentan las producciones y dan más calidad a las mismas. Son, en definitiva, productos químicos destinados a proteger los cultivos de la acción de organismos nocivos a los vegetales.

Para comprar fitosanitarios, la cosa es complicada, salvo que sea en envases muy pequeñitos para uso doméstico, se necesita que el comprador tenga el carné de Aplicador Autorizado. Es decir, ni a usted ni a mí nos los venden como no tengamos esto. Es como las medicinas en las farmacias.

La UE piensa en Europa como si fuese un Parque Natural. Eso está muy bien, así debería estar el mundo, pero solo Europa y de forma tan rápida esta reconversión, pues mire usted, caerán muchos en el envite, los que no puedan digerir tantas normas y de forma tan acelerada.

Si Europa fuese un Parque Natural, estaríamos en manos de los chinos o de otros países fuera de la Comunidad Europea, y esto nos da inseguridad en el aprovisionamiento. Y las personas, por lo menos hasta ahora, tienen que comer todos los días; sin comer es un problemón, y vivir de importaciones ya hemos visto los problemas que ello conlleva, lo hemos comprobado durante el COVID, que nos está haciendo reflexionar sobre el modelo que seguíamos con anterioridad.

Los chinos ya han aprobado en mayo de 2024 la producción de trigo transgénico. Y en la Unión Europea los transgénicos, solo en casos muy excepcionales, ahora sí podemos comprarlos producidos en otros sitios.

Por otro lado, Medio Ambiente de la Unión Europea potencia los campos de placas solares, lo que parece un contrasentido, ya que en definitiva también es una contaminación, en este caso óptica, del paisaje. Pero como es necesario se puede hacer, evidentemente con su normativa. Y desde luego tiene mucha lógica. Las placas solares en países con poco sol tienen poco sentido, aquí tendremos que acostumbrarnos, porque Andalucía es óptima para ello, tendremos que acostumbrarnos a nuevos paisajes, no estaría mal que las placas solares fuesen de color verde

Es mejor tener placas solares que no comprar fuera energía eléctrica a Francia de origen nuclear. Además, nosotros ya nos encargamos de casi liquidar las plantas eléctricas atómicas. Muy poca energía eléctrica de centrales nucleares se produce ya en España.

En fin, por lo que oigo, la contaminación «óptica» con las placas solares no se entiende como tal y parece hay tendencia a aprobar su instalación en Zonas Especiales de Protección Ambiental (ZEPA); no confirmado, solo es un rumor.

La lucha biológica, es decir, echar nosotros bichitos buenos para que se coman a los bichitos malos se ha desarrollado tremendamente porque va muy bien en invernaderos, pero a campo abierto es otra cosa, en Almería, en la práctica, los usos de fitosanitarios prácticamente no hay o es mínima, no quiero ser tajante, vayamos a que se me contradiga.

La lucha biológica es asombrosamente nueva, solo lleva unos diez años desde que se inició y nadie creía en ella, salvo dos o tres iluminados, nadie creía que bichitos en larvas o en otras modalidades tal como huevos, se pondrían en el invernadero para que se desarrollaran insectos buenos para atacar a los insectos dañinos y que no hicieran falta fitosanitarios. El avance ha sido brutal en sanidad alimentaria. Increíble, tremendo y todos debemos sentirnos muy contentos. Eso sí, por lo que yo conozco, no sé si ahora ha cambiado, las empresas que se dedican a ello son extranjeras del norte de Europa.

Almería tiene 33.000 hectáreas de invernaderos con doble cultivo anual casi todas, leo que ello supone unas 55.000 hectáreas de cultivo en definitiva, en las 33.000 hectáreas comentadas.

Ello supone que Almería se ha convertido en la zona productiva agrícola, en hortícolas, más importante del mundo. Así como suena. ¡Qué maravilla! Producimos, exportamos, se crean muchos puestos de trabajo y todo funciona. Y no necesitamos invernaderos calefactados con gas natural que contamina y de costo importante, tal como ocurre en los países nórdicos. Allí en todo caso deberían prohibirlos por el uso de gas.

En el olivar, en cuanto a lucha biológica, las cubiertas vegetales potencian el desarrollo de depredadores en los jaramagos se desarrollan las «crisopas», que son insectos beneficiosos que se alimentan de larvas del *prays* y de otros insectos depredadores, mire usted, qué estupendo. Las buenas noticias suelen venir juntas y las malas también, de todas formas, en cultivos a cielo abierto por motivos obvios la lucha biológica tienen poca incidencia.

Ocurre que la investigación durante años se ha centrado en producciones más altas, ya alcanzadas. La máquina de la investigación, que una vez en marcha no puede parar, se dirige ahora al mundo de mayor calidad gustativa, a mejorar sabores y en ello se está.

Un producto ecológico de los más apreciados es el tomate, porque tiene un sabor incomparable: el tomate de «huerta» de toda la vida al de alta productividad en invernadero.

La investigación se ha centrado mucho en la cantidad a producir por hectárea y ello ha conllevado a la pérdida del sabor, esto no es general, pero sí en algunos casos como el tomate.

Pero ahora, ya que más kilos no se pueden pedir al tomate, las empresas de semillas conciertan presupuestos altos de euros con empresas de investigación, con estudios destinados a la búsqueda de la mejora del sabor del tomate de alta producción, cuando se consiga darán un palo al cultivo de huerto tradicional o de invernadero tradicional, lo veo venir.

Hay una alta sensibilidad ecológica, tremenda, por la agricultura, sin embargo, después vamos en coche gastando gasolina o tomamos alimentos con bastantes ingredientes químicos sin problema, o los medicamentos como he comentado anteriormente.

Leer las etiquetas a fondo de los alimentos y sus ingredientes y estudiarlas es un bonito análisis, se utilizan productos químicos, no dañinos, por supuesto, preparados por expertos de olores, colores y sabores, desde luego inocuos, pero que pueden causar problemas como más adelante reseño. Me refiero a que gustan tanto que en algunos casos crean adicciones y estas entiendo que son enfermedades graves.

Tenemos que aprender qué es lo que dicen las etiquetas, porque si no las entendemos sirven para poco, hay que formarse en este campo. Y que además las etiquetas las pongan para que cualquier ciudadano pueda entenderlas e interpretarlas. Es difícil, prácticamente no se leen, yo sí que las leo y traduzco lo que quieren decir ayudándome del Google

Pues bien, en legislación ambiental Europa es líder mundial y con mucho, no la siguen los demás países, al menos por el momento, y toda esta legislación provoca sin duda costos más altos, agravando la competencia creciente que vamos teniendo de terceros países, que además tienen menores costos de mano de obra de hora trabajada.

Evidentemente los productos no pueden cruzar la frontera para entrar en la UE, como rebasen la tasa de contaminantes, debidamente legislada y muy estricta por la Unión Europea. Y sobre la trazabilidad de las importaciones ya la exigen los compradores, con normativas claras que los productores han de seguir en origen bajo seguimiento de empresas multinacionales en origen de Control de Calidad. Un producto importado con requisitos de sanidad inapropiados es objeto de un escándalo.

Leo mucho como defensa del producto nacional la falta de control alimentario del importado, yo sinceramente creo que es la creación de una leyenda negra, para que rechacemos en lo posible el producto importado. Entiendo que lo importado está libre de contaminantes y que los que preparan productos para la exportación de otros países utilizan los mismos productos químicos que en Europa; se juegan mucho, se juegan sus empresas. El problema de las importaciones es que tienen menos costo, fundamentalmente de mano de obra.

Los agricultores siguen luchando, peticionando las cláusulas espejo, fundamentalmente lo hacen Francia y España, que piden incluir en los acuerdos de la Comunidad Europea con terceros países que se produzca con todas las normas que tenemos en Europa.

Estas «cláusulas espejo» que se solicitan son para que el producto que se importe a un país de la Unión Europea lo haga en las mismas condiciones que aquello que se ha impuesto en la producción a nuestros agricultores y ganaderos en la comunidad europea.

Esto quiere decir que las normas ambientales, sanitarias y de bienestar animal, entre otras, que un agricultor o ganadero de nuestro país ha tenido que cumplir para poder vender su producto también sean exigidas a los productos que se importen.

Ya que actualmente hay una competencia desleal, ejemplo de ello lo tenemos con nuestras naranjas, cuya producción en España se encuentra muy en precario y con graves problemas económicos; el agricultor, por ello, en muchos casos deja abandonado el cultivo.

Pero lo que no se puede es competir con los menores costos, a no ser que se impongan aranceles, y esto ya es otra historia. Los menores costos son básicamente de costo de mano de obra.

Las grandes empresas se trasladan fuera de Europa para producir más barato y más cómodamente, y vendernos luego a los europeos las mismas, eso sí un poco más baratas.

7. Los abonos químicos son malos por llamarse así. Los naturales son buenos también por su nombre

Los nombres son un lío, porque se asignan nombres a asuntos que no les corresponden y da lugar a opiniones un tanto generalizadas y equívocas. Observen con detalle, lo detectarán de forma continua y es el nombre lo que marca el contenido.

Hemos hablado de fitosanitarios, ahora nos centramos en los fertilizantes.

En ello siempre me he venido asombrando, porque se meten en el mismo lugar que los fitosanitarios, está claro que los nitrogenados tienen un proceso y terminan contaminando el agua, pero y los que no contaminan nada, ¿por qué se meten en el mismo apartado?

La producción de fertilizantes en España ha bajado enormemente, antes los países productores de materias primas vendían las mismas a otros países más ricos, para que ellos fabricaran los fertilizantes, pero esto se acabó, hablando en general, los que tienen materias primas, te venden ya el producto acabado y no la materia prima.

Esto no siempre procede ni mucho menos del que tiene la materia prima, sino de los mismos que transforman en los países desarrollados, que buscan el origen para tener menores costos y ser más competitivos y hacen las fábricas allí, con ayudas y menos problemas.

De todas formas, en España con la entrada en el mercado común de pronto se abrieron las fronteras y los cierres de las fábricas de fertilizantes fueron continuos cayendo como fichas de dominó, salvo en algunos productos concretos, esto lo sufrieron evidentemente los empresarios muy a fondo. No hubo amparo alguno al sector. Fue una época terrible. Nuestra industria fertilizante no era para estar en un mercado abierto, sino de fronteras cerradas, que es el que teníamos, no se podía importar y fabricábamos todo lo que consumíamos. Al abrir las puertas a la importación, nuestro sector se derrumbó, pero ello es otra historia, una historia muy triste, con el cierre de fábricas una tras otra. No había escape, ni se recibió ninguna ayuda.

Aparte de ello, un nutriente producido en la industria es «malo», pero un estiércol, lleno de bacterias, hongos, microrganismo de todo tipo y virus sí es «bueno», porque es natural, no «químico», como nos han mentalizado. Como nos han enseñado los maestros de todo.

No digo que se suprima el estiércol, que es imposible, porque los animales tienen que defecar y eso no hay manera de prohibirlo, pero desde luego que no se ataque sin saber a una serie de productos químicos que son fantásticos, pero están demonizados por los ángeles del mundo terrenal y que las cacas sean los buenos.

Los empresarios no son desaprensivos sin escrúpulos, lo cual es una barbaridad más grande que la Peña de los Enamorados. Sin duda los hay, pero hay desaprensivos, en todos los estamentos de la sociedad, desde políticos, gerentes, técnicos y trabajadores cualificados y sin cualificar, el porcentaje puede que sea el mismo en cada caso, más o menos, me atrevo a decir. La corrupción, aunque minoritaria, está en todos lados, siempre ha sido así y parece que no podemos librarnos de ella. Solo cabe perseguirla y castigarla, para que la misma no prolifere más y sirvan de ejemplo los escarmientos.

Los nitrogenados sí son contaminantes. Los nitrogenados ureicos, se disuelven en el agua y baja en el suelo, la urea se descompone después en amoniaco, que es retenido en el suelo, pero la forma amoniacal también se descompone, pasando a nítrica, que sigue bajando y que contamina el agua con nitratos, lo cual de manera evidente es malo, efectivamente es así, hacen crecer mucho las algas, como tema más destacado.

La orina de los animales y de las personas, como animales que somos —eso sí, más o menos civilizados— pasa igualmente por las fases ya reseñadas de descomposición, exactamente igual que los abonos minerales.

Los animales y los seres humanos contaminamos con nitratos, evidentemente no se nos puede prohibir que hagamos pis —al menos por el momento—.

En el caso de las personas, la orina tiene dos gramos de urea por litro. Estimando 1,2 litros de orina al día, esto es un kilo al año de urea. Esto, con ocho mil millones de habitantes del mundo, son ocho millones de toneladas de urea, y considero que los animales deben tener un volumen similar.

Sumando a la urea que soltamos las personas la de los animales, pues dieciséis millones de toneladas de urea, esto supone el 15 % del consumo de la urea fertilizante a nivel mundial.

Señora, caballero, si tiene una mascota en casa, también usted está aumentando la contaminación, no sé cuántos millones de mascotas hay en el mundo. Está, sin saberlo, aumentando la contaminación y nadie habla de ello, ni mucho menos, pero son seres, como todos, contaminantes.

Las mascotas además contaminan las aceras y calles y con sus lenguas recolectan microorganismos de todo tipo.

En la Unión Europea se han delimitado en cada país las comarcas más sensibles a las filtraciones de agua con nitratos, zonas que se vienen incrementando de forma continuada, declarándose «zonas vulnerables a la contaminación de nitrato», esto obliga a los agricultores a rebajar las dosis; impide, además la utilización de diversos fertilizantes y hay que recurrir al empleo de abonos ecoeficientes muy modernos de mayor coste. En fin, tiene una normativa específica para estas zonas.

Los precios de los fertilizantes se tambalean y suben, debido a los conflictos bélicos y también mucho por la subida de la energía y con la pandemia hubo parada de exportaciones por parte de China; esto provocó en el mercado una subida.

La subida de los precios de los fertilizantes hace que su consumo haya bajado, al no salirle las cuentas al agricultor, bajada muy sensible.

La superficie designada como zonas vulnerables a nitratos en Andalucía asciende a la friolera a 2,23 millones de hectáreas, de las que 1,82 millones corresponden a superficies agrarias. Esto es que el 41 % de las tierras de cultivo andaluzas están consideradas como zonas vulnerables; destaco:

756.000 hectáreas de tierras arables.
510.000 hectáreas de olivar.
340.000 hectáreas de pastizal y pastos.
175.000 hectáreas de otros cultivos leñosos.
40.000 hectáreas de invernaderos y cultivos bajo plástico.

¡¡Casi nada, qué barbaridad!!

En las zonas vulnerables se limitan las dosis de fertilizantes nitrogenados, incluso se prohíben algunos según el caso y tienen una rígida normativa, que afecta de lleno a gran parte de los agricultores. En fin, no es solo la limitación de dosis, sino los documentos a presentar y una larga lista de medidas.

Las zonas vulnerables a nitratos son prioritarias para diversas operaciones y ayudas, tal como inversiones en infraestructuras de regadíos, así como las instalaciones y equipamientos asociados, incluidas aquellas actuaciones declaradas de interés general y acordes a los objetivos de la Agenda Andaluza del Regadío, esto es muy razonable. Pero no sé si se tiene en cuenta, a la vista de las pocas inversiones en infraestructura en el campo andaluz.

Todo ello ha conllevado a la utilización tecnológica de fertilizantes nitrogenados, para disminuir la contaminación de nitratos, mediante inhibidores de urea e inhibidores de amonio, o bien fertilizantes encapsulados, soluciones que disminuyen de forma considerable el problema, eso sí, con precios más elevados.

Y cuando se compren, es más que recomendable que no sean tema de *marketing*, sino reconocidos por las normativas vigentes y reseñadas en las etiquetas. Si no está registrado el inhibidor como tal de forma específica por el Ministerio de Agricultura no le haga caso.

Pues lamentablemente da la sensación de que en los folletos se puede poner cualquier cosa, y lo que se vigila por la Administración es lo que dicen las etiquetas, y creo que lo que se lee es la publicidad y no las etiquetas, que además por lo general el ciudadano en alta medida no sabe interpretarlas, por falta de conocimientos técnicos al respecto y el lenguaje de estas, un tanto en muchos casos incomprensible para el lector medio.

Hay que recurrir a Técnicos especializados, pero atención, son muy pocos porque en las Escuelas Técnicas son asignaturas de poco recorrido, y la fertilización debe ser una especialidad de la Carrera de Graduados de Ingeniería Agrícola. Esto es importante en Andalucía, que debe ser líder en esta especialidad, y probablemente otras muchas Comunidades no necesitan para nada o poco, por lo expuesto anteriormente. Supongo que los Colegios de Ingenieros Técnicos Agrícolas e Ingenieros Agrónomos tienen que fusionarse, es mejor hacerlo ya, que no esperar a que se mueran los profesionales ya que ahora se estudia solo Diplomado en Ingeniería Agrícola. El mundo en definitiva es de quien sabe anticiparse.

En cuanto al abonado en riego por goteo es una forma clara del mejor aprovechamiento de los fertilizantes, mediante el fraccionamiento de la dosis y, además, si son con nitrógeno inhibido, es ideal, los avances técnicos evidentemente no terminan nunca.

Está hoy claro que es mucho más rentable y se necesita menos dosis, fraccionando la misma en la aportación del agua de riego, que no como antes que se aplicaba solo en dos o tres veces, ahora por lo general se fracciona a tope, salvo por los que no estén preparados y hablan sin rigor técnico, sino que hablan por «presentimiento», «yo creo que...», y no se trata de creencias, sino de saber o no saber.

Es mía la frase: «Las plantas no comen, beben», que diseñé hace aproximadamente cuarenta años, como respaldo a la utilización de los abonos líquidos y que en sí misma es una gran verdad. Igualmente es mía la definición de «fitonutrólogo», para concretar el nombre de los especialistas en nutrición vegetal, igualmente diseñada en aquellas fechas y que he procurado durante los años divulgar lo más ampliamente posible. Se requieren técnicos muy preparados en nutrición vegetal y que ello sea una especialidad en Agronomía. Hasta ahora no ocurre, y en España, con tanto riego por goteo —en comparación al resto de Europa, que prácticamente no tiene o muy poco—, esta especialidad es esencial. Hay muy pocos técnicos en nutrición vegetal, y no piensen que lo digo por pretencioso, sino solamente porque he estado muchos años en dicho sector, me consideran uno de ellos y destacado, modestia aparte.

Dentro de lo previsto está bajar la dosis de fertilizantes, pero esto en Andalucía quizá no tenga nada que ver con nosotros, pues es más que raro que ocurra que se abone mucho salvo en algún caso raro, lo normal en muchos casos es abonar poco, o nada, pensando por ejemplo en olivar de secano, que con abonado foliar se soluciona, porque la dosis es irrisoria y no significativa en cuanto a las necesidades del cultivo; entonces el agricultor hace una serie de razonamientos para autoconvencerse de que no es necesario abonar, cuando si abonara, le iría mucho mejor, pero por lo general su economía no se lo permite y se autojustifica para dejar tranquila su mente y dormir tranquilo pensando que lo ha hecho bien. Es como sentirse mal físicamente y tomarse algún calmante para el dolor de cabeza y decir que ya hemos solucionado nuestra salud. Evidentemente hay que recurrir a los profesionales contrastados, que tampoco hay muchos. Debería haber en Escuelas de Agronomía, una Especialidad en Nutrición Vegetal.

En estos últimos años la investigación está dando pasos agigantados en la nutrición vegetal y en lo que hoy se conoce como amplio mundo de los «bioestimulantes», pero esto es otra historia fuera del contexto de este libro y que tiene una amplia repercusión en la agricultura moderna. No son nutrientes de base, pero solucionan muchos problemas.

A lo que siempre han sido hormonas, han desaparecido como tales, ahora los mismos productos se llaman «reguladores de crecimiento» y lo de hormonas sonaba muy mal, ahora ya no usan, porque se usan los reguladores comentados, si bien muy raramente, en temas específicos.

La creación de un Instituto Andaluz de Fitonutrología, sería un referente internacional para el mejor abonado, mediante cursos máster y coordinar y fomentar la nutrición vegetal en Andalucía, cuya ubicación por su sitio geográfico bien podría ser Antequera. Seguro que por su implicación en el aumento de la cosecha de forma racional y cuidando todos los requisitos vigentes, aumentaría el PIB agroalimentario de Andalucía, que es sin duda alguna una región singular agrícola dentro del panorama europeo, por su clima. Siempre lo he pensado así y ahora lo dejo escrito.

Cuando se me habla de degradación del suelo, solo pienso en los incendios forestales, que al dejar limpio el suelo, lo hacen apropiado para ser azotados por escorrentía de lluvias o ser arrastradas las partes finas del suelo por el viento. Porque, para la agricultura, un suelo sano es la base de la producción agrícola, el nombre de degradación de suelo no hay que unirlo nunca a la agricultura, la agricultura protege o disminuye la degradación del suelo.

Pero se nos está bombardeando con información contraria que es falsa y hablan y hablan de «regeneración del suelo», seguramente para vender algo. Lo de «regenerar» vende.

8. La agricultura ecológica para morirse más tarde

Un día me contaron hace años cuando se inició este movimiento que el consumo en aquellos entonces era en Alemania, porque había un mayor poder adquisitivo por parte de la población y porque las jubiladas y jubilados pensaban que consumiendo estos productos «no contaminados» su vida se iba a alargar varios años. No importaba el precio si se trataba de vivir más. Buen argumento de venta.

He leído hace pocos días que «ser ecológico es altamente inflacionista», ya que los alimentos por lo general son más caros. Pero vea el sello de ecológico, no se fíe de las palabras, vaya que lo que quieran, sencillamente es vender más alto.

El 45 % de la superficie ecológica de España se concentra en Andalucía con 1.100 millones de hectáreas, de las cuales 700.000 son praderas y pastos. Esta es la explicación obviamente.

De olivar, 100.000 hectáreas son ecológicas. Es bastante probable que si le quitáramos la ayuda por Ecológico, se quedara en menos de la mitad; sería lo mismo que ahora, pero no se declararían y es por ser en su mayoría olivos marginales, con nada de abono y diría que de tratamientos sanitarios lo mismo.

El 20 % de la superficie agraria andaluza es ecológica, lo que supone el porcentaje más alto de España y una tendencia positiva en su crecimiento. Claro, jugamos con ventaja, con las praderas que tenemos, que es respeto total al medio ambiente, porque entre otras cosas, no hay para ellas cultivo que pueda ser rentable.

Visto de manera general la ecología está bien, pero bajo mi punto de vista conviene matizarla. No entrar en generalidades y que desde luego los productos estén certificados, no ecológicos solo porque lo diga el vendedor y sean ecológicos por su personal concepto, han de tener su certificación, su sello, su trazabilidad, en definitiva.

La sociedad urbana asocia el campo a «naturaleza», por lo que la agricultura por lo general es molesta, porque rompe el sistema natural, el que teníamos hace dos mil años, por ejemplo, cuando apenas había agricultura. Este pensamiento no es correcto, la agricultura no es molesta y es necesaria y fundamental. La clave es que sea comprendida y apoyada. No creo que dos mil años atrás el campo fuese un paraíso, ni mucho menos.

La agricultura «industrial» poco a poco se va acercando mucho a la ecológica, a mí el término de «agricultura industrial» me repele, ya vemos lo que está pasando con la industria, que la cerramos; creo que deberíamos llamarla siempre «agricultura intensiva». El desarrollo tecnológico hace que la agricultura intensiva se acerque cada vez más a la ecológica.

Es bueno saber que la agricultura ecológica admite algunos productos que son químicos, pero que están autorizados porque no ha habido otra forma de solucionar el problema que su carencia causa, estoy pensando en estos momentos concretamente en el oxicloruro de cobre.

Y en otros productos, como en varios fertilizantes, la línea de separación entre uno ecológico y otro que no lo es, es muy tenue, por decir algo es más bien una separación filosófica, al menos es lo que tengo yo claro.

Hay productos exactamente iguales, uno vía natural y otra vía química, pero los dos iguales; sin embargo, el de vía química no es admitido, también es seguro que se ha hecho así, porque de otra forma no se sabía cómo. Y cortaron aun sabiendo que es una tontería.

El radical amoniacal que interviene en el intercambio iónico del complejo arcillo húmico del suelo tiene diversos orígenes, tales como el estiércol, por ejemplo, o del sulfato amónico industrial; a los vegetales les da exactamente igual de donde proceda.

Y otros para mí muy cuestionables, tal como el cloruro de potasio, procedente de agua de laguna y el de mina, el primero está autorizado para la agricultura ecológica, el segundo no, porque se concentra por el sistema de flotación, no le veo personalmente a ello ningún sentido, cuando no hay interferencia química. Siempre me he hecho la misma pregunta: ¿por qué? Que me lo expliquen.

Yo en una revista digital en Granada publiqué un artículo, hace años, en los que comentaba que, si lo ecológico no tiene tratamiento, podría tener la fruta, por ejemplo, una selva de microorganismos de todo tipo, entre ellos los patógenos. Y comenzaba diciendo que el principal país del mundo en agricultura ecológica era Zambia y Etiopía, donde todo es natural y bueno. Hubo algunos comentarios algo demoledores, alguno insultante. Pero yo no estoy en contra de ella, ni mucho menos, aunque caben matizaciones.

Es, además, el concepto de *marketing* un concepto que vende. ¿Quién va a estar en desacuerdo con lo natural? Parece que el que no esté de acuerdo con ello, es porque desea lo antinatural, lo cual es aberrante.

Es un sistema con menos producción, son productos más caros.

En Almería, el producto ecológico no tiene demasiado sentido, no hay fitos en la mayoría de los invernaderos, es lucha biológica, no hay productos químicos fitosanitarios.

En la lucha biológica, metemos en el invernadero bichitos buenos que se comen a los malos. Entonces, ¿cuál es la diferencia: el abonado?, que sabemos que a la calidad alimentaria no le afecta.

Si no se abona en un invernadero, la producción es baja y si se abona, ¿cómo se detecta?

Es muy difícil o casi imposible y muchos invernaderos a los que controlar, el producto agrícola sí que se detecta cuando se ha hecho tratamiento fitosanitario, por mínimo que sea, pero sí en cuanto a nutrición, es imposible, creo, de determinar si la planta está alimentada y así ocurre

JOSÉ LUIS SÁNCHEZ-GARRIDO Y REYES

por lo que sea. Si la diferencia de precio entre productos ecológicos y no ecológicos es mínima o no la hay, sirve para la desvirtuación de lo ecológico.

Lo ecológico debe tener sus certificados, su sello, evidentemente, que certifica que a ese cultivo se le ha hecho un seguimiento, para que la cosecha sea ecológica y no haya trampas. Si se compra sin sello, yo no me lo creo, aunque a lo mejor el que lo vende te dice que lo es totalmente.

Sin sello podemos creer o no creer, más bien lo segundo sería lo lógico, no hay garantía alguna. Y la lógica no siempre se aplica, solo con la palabra te fías y ella no es suficiente, eso era antes, ahora la palabra ya vemos que no vale mucho, ya lo vemos en política, por ejemplo, pero no solo en política, a la que siempre señalamos con el dedo acusador; la falta de palabra, es decir, la falta de compromiso, creo que es un mal de la sociedad actual, no total desde luego, pero sí importante; es decir, vamos a ver cómo vivimos lo mejor posible, porque la vida son tres días o poco más y que se esfuerce o sufra otro. Aunque también es verdad, que hay muchísimas personas honestas.

La agricultura ecológica avanza y su consumo crece sobre todo en las economías más ricas, y pienso que fundamentalmente en alta medida en personas ya de edad más avanzada, que por todos los medios quieren vivir lo que les quede el mayor período posible y consideran que lo ecológico les ayuda y el ahorro ya de muy mayor sabes que no te va a servir y además consumes poco.

Pero bueno, lo que pretendo decir es que la agricultura en general cada día está más cerca de la ecología, no puede ser de otra manera, es el avance del campo.

La agricultura ecológica es un sistema de cultivo que utiliza métodos para producir alimentos del gusto de determinados consumidores, pero el agricultor que no hace agricultura ecológica no debe ser tratado como sospechoso de producir alimentos perjudiciales para la salud. Lo que, creo, es el problema.

En la comunidad europea, dentro de los planes de la Agenda 2030, se propone la Estrategia sobre Biodiversidad por la cual se establecerán zonas protegidas, en al menos el 30 % de los suelos en Europa, para restaurar ecosistemas dañados o en peligro. Algunas de las herramientas para frenar la degradación de estas zonas son, entre ellas, el aumento de los cultivos ecológicos.

Y aparte de ello empiezan a surgir nuevas agriculturas, muy curiosas y mucho más exigentes que la ecológica, eso sí, con productos agrícolas más caros e *inputs* lógicamente de precio más elevado.

Alguna, por ejemplo, que requiere el enterrar el cuerno de una vaca en el suelo con la parte abierta sobre él para recoger los rayos cósmicos, los cuales salen por la punta del cuerno enterrada, fertilizando el suelo cósmicamente desde luego; bueno esto lo leí una vez y no lo asocio a ninguna en particular.

En fin, con la agricultura ecológica no hemos acabado, vendrán nuevas normas de otras agriculturas, que desde luego serán adquiridas por un mercado minoritario, pero para tener en cuenta. La agricultura ecológica es el inicio de una nueva era, donde habrá nuevas agriculturas especializadas y certificadas, para compradores que así lo quieran y lógicamente puedan permitírselo.

Hay una nueva agricultura que no utiliza productos químicos y que no hay que abonar y que, en vez de los vegetales para utilizar la energía del sol, pues la misma energía del sol la aprovechamos mediante placas solares que sustituyen a las hojas de los cultivos en la captación de energía, y tenemos otro «cultivo», «fabricante de electricidad».

Hemos de acostumbrarnos a los paisajes de placas solares y a los campos de molinos de viento, es en definitiva energía muy limpia y en Andalucía tenemos sol y esto es una singularidad, referente a la superficie total de la UE, que hemos de explotar.

Para terminar, en cuanto a los envases, no quiero dejar en el tintero una reflexión en cuanto a ellos. Alguien me dice que soy desordenado en mis escritos, seguro que debe ser así, pero tampoco tengo por qué seguir las normas convencionales a menos que sea un poco rebelde en ello, y no debe ser muy malo cuando se me lee cada vez más, y cuando leo libros, que algunos —muchos— son verdaderos bodrios —no los míos—. Yo ya, a mi edad, al menos puedo expresarme libremente, eso sí, con toda la educación del mundo y sin ánimo de molestar.

Hay una verdadera lucha contra los envases de plástico, lo cual es absolutamente lógico, al ser, vamos a llamarlo así, casi eternos sus residuos y proceder del petróleo. Hoy día, una tremenda investigación se cierne sobre la búsqueda de envases alternativos, generalmente biopolímeros, para que los mismos de descompongan de forma rápida. Eso está muy bien, pero el consumo de plásticos crece mucho.

En este mundo de enormes cambios, uno de ellos es que antes las empresas muy grandes eran las únicas con medios para investigación y las pequeñas les era más o menos casi imposible. Actualmente el panorama ha cambiado, hay numerosos y potentes centros privados de investigación, con lo cual la empresa media, e incluso pequeña pueden contratar un tema para ser investigado con un presupuesto previo y unos condicionantes claros que figuran en cada caso en el contrato. Esto permite a la empresa media subcontratar investigación de más altos vuelos de la que está a su alcance directo.

En cuanto a los envases, lo que quiero reseñar, es que sería preceptivo que los mismos, de cualquier tipo, incluso los de reciclado, tuviesen el sello de Fabricados en España, o al menos en la Unión Europea. Porque a comprar envases de plástico reciclado en China para envasar nuestros productos, no le veo sentido alguno, es puro *marketing*.

9. La producción integrada, unos productos que los consumidores conocen poco

Es un tema muy interesante y muy poco conocido por gran parte del ciudadano consumidor. Debe en definitiva informarse más reiteradamente al ciudadano sobre las etiquetas de alimentación, es esencial.

Es importante este capítulo.

Es la producción integrada un método de producción agrícola para obtener productos diferenciados, garantizando al consumidor la calidad y seguridad alimentaria y protegiendo el medio ambiente mediante de la utilización racional de los distintos medios de producción —suelo, agua, semillas, abonos, maquinaria y fitosanitarios— en todas las fases.

Miren, los franceses la llaman «producción razonable»; a mí me parece mucho mejor esta denominación francesa, se comprende mejor.

En definitiva, la producción integrada garantiza la ausencia total de residuos. De acuerdo con Real Decreto 1201/2002 de 20 noviembre, que dicta su reglamento muy detallado.

Conviene saber qué es la API en agricultura (Agrupación de Producción Integrada).

Los miembros integrantes de cada API disponen de un técnico cualificado en la misma para asesorar a los agricultores en la realización de las prácticas agrícolas y controlar que estas se ejecuten conforme al reglamento.

La producción integrada, a diferencia de la producción ecológica, además de utilizar la lucha biológica, permite la utilización de productos químicos de síntesis debidamente autorizados, pero buscando hacer uso mínimo de los mismos —abonos, pesticidas, etc.—, restringiendo en las normas técnicas específicas de producción para cada cultivo.

Los objetivos concretos que persigue la producción integrada son los siguientes:

- Obtener productos de alta calidad.
- Proteger la salud del productor y del consumidor.
- Aplicar procesos productivos respetuosos con el medio ambiente.
- Favorecer la diversidad del ecosistema agrícola respetando la fauna y flora autóctona.
- Justificar y minimizar el uso de productos agroquímicos y los residuos.
- Potenciar la actividad conservadora del medio rural y el paisaje.
- Producir de acuerdo con las técnicas que tienen en cuenta los conocimientos técnicos, científicos y biológicos.

- Adaptarse a la forma de producción intensiva de las empresas agrícolas actuales, asegurando su viabilidad económica. Porque no provoca ninguna merma en el potencial productivo de los cultivos.
- Realizar una correcta gestión de los recursos naturales.

Andalucía, con más de 500.000 hectáreas en números redondos, es la comunidad autónoma que tiene el mayor número de hectáreas dedicadas a la producción integrada de la España nuestra.

Tenemos las siguientes cifras en Andalucía en 2022 en hectáreas:

Algodón…………………….....46.000
Arroz……………………........22.000
Cereales……………………....13.000
Cítricos…………………….......5.000
Fresas………………….........5.000
Hortícolas invernadero…...10.000
Olivar…………………….....400.000

Hay que destacar y llamar la atención al lector de que los productores que practican la producción integrada no reciben ayuda por ello. La practican por propio convencimiento.

Detalle clave a destacar: garantiza la ausencia total de residuos, por lo que es muy importante que el consumidor esté informado de este detalle, para que, por ejemplo, elija un aceite de producción integrada, exactamente con las mismas garantías que un aceite ecológico.

Su desventaja está en el nombre, y es que los nombres, queramos o no, son muy importantes, todo el mundo relaciona ecológico con salud y casi nadie sabe que la palabra «integrada» lleva implícita todo lo que es positivo, tanto para el productor como para el consumidor. Es más, la mayoría de los consumidores no conocen ni el sello de producción integrada que figura en las etiquetas correspondientes. No solemos leer las etiquetas, o solo algún detalle y por encima. Una diferente para cada comunidad autónoma, lo cual está bien, para ver el origen del producto.

Es tema educacional que se debe enseñar en colegios; en fin, será cuestión de tiempo, yo ya con ochenta años, está claro que veré más bien poquísimo del futuro. Pero la vida es así, por lo menos hasta el momento.

En definitiva, el sello en un producto agroalimentario de producción integrada —también la ganadería tiene el Reglamento— permite consumir productos con garantía y seguridad sanitaria. Es un anagrama importante que hemos de cuidar y mirar al hacer nuestras compras, como símbolo de la garantía detallada.

En 2023 se ha puesto en marcha la marca Gusto del Sur, que viene a certificar que el producto es andaluz, aunque no sea de producción integrada; en los de esta no es necesario, pues ya tiene su origen. En fin, hay que leer las etiquetas para saber lo que comemos y estar preparados previamente para entenderlas, claro.

10. Agricultura comunitaria: camino de sustituir el trabajo en el campo por la burocracia

Sí, es enorme la lluvia de normas, más bien la tempestad entre Directivas, Leyes, Decretos, Órdenes... es terrible. Miren, en la empresa en la que estaba, para las instalaciones industriales suponían más de cuatrocientas, y de las mismas se derivan una serie de requisitos a cumplir en más de seiscientas, algunas contradicen a las otras y no sabes a cuál acogerte, y hay otras que la lees mil veces y no te enteras, y no sabes cómo cumplir aquello que no sabes lo que es; y cuando vas a que te lo aclaren, te quedas aún más perdido, y ahora supongo que serán más, con el paso de los años.

Después de escribir esto, una persona tremendamente preparada en estos temas como es Pablo Ramos Pedregosa me puntualiza que, a fecha de mayo de 2024, son en la empresa que he comentado exactamente 1.129 normas, de las cuales se extraen ochocientos veintiún requisitos que se aplican directamente. Así que van creciendo de forma rápida.

Esto exige un equipo de personas dedicadas a ello, unas inversiones espeluznantes, asesores y quebraderos inmensos de cabeza y siempre con el miedo encima.

Las ECA (Empresas Autorizadas por la Administración) hacen «recomendaciones» supletorias que hay que cumplir antes de la siguiente inspección que te anuncian.

Aparte de las normativas en cuanto a instalaciones, hay normas muy detalladas de todo, ejemplo en cuanto a productos, etc. Una empresa está sujeta a una montaña de normativas inmensa, enorme.

En cuanto a las que afectan a las instalaciones industriales, como no las cumplas y haya por ejemplo un accidente, y no tengas todos los papeles al día, bueno, más o menos eres un delincuente, me refiero a un perseguido por la justicia y sentado en el banquillo y tener todos los documentos al día; créanme, es más que difícil y requiere una atención no diría máxima, sino extrema. Es, desde luego, mi experiencia de pesadilla.

Todo ello no siempre lo puede asumir un empresario por causas muy diversas y, además, nos pone en desventaja con la importación, crea un problema de costos, desde luego un problema financiero, aparte de unos quebraderos de cabeza inmensos. Y tienes que contratar a un buen número de empresas asesoras especializadas. Mucho más gasto.

Ahora bien, como seas una industria «sin papeles», no figuras en ningún censo y no tienes inspecciones y las mismas eran solo bajo denuncia escrita y clara. Y claro hacer una denuncia a un competidor, pues son palabras mayores y nunca lo he hecho. Así que tú, por llevar todo legal, estás en peores condiciones, aunque, eso sí, al final es una ventaja, si es que llegas vivo a verla.

Así que me da la sensación de que con más altos costos y con el farrago que supone, te sale mejor la cuenta de importar o instalar tu industria fuera de la comunidad europea, lo que produce disminución de la industria en la misma. Lamentablemente, de esta forma hemos hecho que piensen gran número de empresarios al verse impotentes ante tantas normas.

Porque todas las medidas industriales están muy bien, pero si es solo Europa quien las toma y los demás países no las tienen tan complicadas, nos pone en una situación desfavorable, a no ser que sean los aranceles altos y que no haya acuerdos preferenciales, con aranceles ridículos en muchos casos y costes de personal mucho más bajo por lo general que en la UE.

Se cierran en España industrias por contaminantes y se importan productos, que aquí hemos dejado de producir, de otros países que tienen procesos mucho más contaminantes que el nuestro que hemos cerrado, y aquí se persigue a la industria aun ya cerrada porque contaminaba el suelo, cuando en tiempos estaba autorizada. En fin, ante ello, el empresario en muchos casos deja de producir y se dedica a importar, o se va sencillamente con la música a otra parte.

Si tienes una fábrica, y al lado posteriormente se construyen viviendas, cuando los vecinos protesten tendrás que ir pensando en cerrar la fábrica, aunque esté en un polígono industrial y los vecinos han llegado a instalarse en viviendas autorizadas, después de estar instalada la industria.

Realmente, en alta medida Bruselas y el Estado son unos fabricantes de leyes de alta producción que los demás hemos de cumplir inexorablemente para que no tengamos consecuencias peores. En esto la Unión Europea es altamente productiva, pero no lo son los de fuera de Europa. He hablado de la industria, pero el mismo camino lleva la agricultura, lo estamos viendo. Lo de la industria empezó antes y la cerramos antes.

Y lo que, en mi opinión, es aún más grave: nos acogemos a una Directiva Comunitaria, pero no solo a ello, sino que en España, en muchas ocasiones, se hace otra complementaria que amplía aún más la de la Unión Europea, somos más papistas que el propio Papa.

La Administración nos pide cada vez más cosas, que están muy bien pensadas, muy lógicas, pero que nos abruman, nos causan mil problemas y nos producen mucha incertidumbre. Debería haber también organizaciones ciudadanas que dictaran instrucciones que los que están en la Administración deberían cumplir. Un poco para equilibrar la dictadura de la burocracia.

¿Qué hace un agricultor ante tanta burocracia legal? Hoy ya se sabe, hay que pedir cita previa hasta para llevar un documento al Registro de una OCA, según se me comenta. Con tanta burocracia no se deja tiempo para «trabajar en la producción».

Recurrir a buenos asesores es lo que cabe suponer, y tener suerte, pues hay muchos asesores y no se distinguen los buenos de los malos, incluso a veces se te recomiendan algunos que te dicen que son buenos, y son malos; te deben recomendar no los que te dan referencias, sino los que han trabajado con ellos. Así y todo, tener mucha suerte, porque los asesores te asesoran, pero si hay un problema no se hacen cargo de nada. El responsable es el empresario, no el asesor que, si se equivoca, pues nada, así que no basta con ponerse en manos del asesor, sino que tiene que explicarte y decirte qué está haciendo y tú entenderlo y controlarlo; no basta ponerte en sus manos y ya está, tienes que saber lo que está haciendo y hacer un seguimiento, y tener, además, otras opciones por si esta te falla y tener copia de todo. Si no es así, puedes tener un problemón de gran magnitud «por haber confiado», «por cómodo».

Y, desde luego, una enseñanza desde muy joven que recibí es que no tengas asesores ni ningún otro proveedor que sea elemento familiar más o menos cercano, pues más tarde o más temprano es una fuente de problemas. Un cartel en el despacho del Sr. Felipe Carús, en su momento muy lejano y, por cierto, director de Amoniaco Español S. A., rezaba: «El dinero con el dinero y el amor con el amor, mezclar ambos es la prostitución».

Pero sigamos con el gasto del asesor, que no termina la cosa, generalmente no hace falta un asesor sino varios, cada uno especialista en su tema; aparte, como consecuencia de las normas, hay que hacer inversiones para cumplirlas, lo cual en una economía de ir al día como ocurre casi siempre es complicado y duro, y muchas veces imposible, solo queda el endeudarse más. Y no te quiero contar cuando haces una inversión para cumplir una norma y cuando la terminas, cambia la norma y no te sirve. Debes tener un ejército de asesores especializados y estar muy al día y relacionado con ellos.

No queda más remedio si la dimensión del agricultor es pequeña, el asociarse con una entidad que le dé ese soporte, que es la Cooperativa, o debería ser, pues hay cooperativas y cooperativas, es decir, unas que funcionan bien y otras que funcionan mal. La supervivencia del agricultor pequeño está muy en precario, no tiene superficie para mecanizarse debidamente y rebajar costos de producción, ocurre algo así como las tiendas de comestibles de antes, que desaparecen ante la competencia de las grandes cadenas de distribución.

Evidentemente, una cooperativa pequeña es débil, por lo que hay una tendencia clara hacia las grandes cooperativas. No tiene mucha lógica que en una localidad haya dos o tres cooperativas, cuando con una se optimizan los costos; la razón es, posiblemente, porque los responsables de estas no quieren perder el cargo.

Y, desde luego, las cooperativas deben unirse en otras organizaciones más grandes para ser más potentes, tener más fuerza, más recursos consecuencia del tamaño; esto es así, lo mismo que entre las grandes superficies, ya tres de ellas suman más o menos la mitad total del consumo. A ello vamos.

Aunque yo soy un admirador del autónomo capaz de crear un negocio de futuro, ¡qué meritazo! ¡Son geniales!

La Unión Europea de las Normas, una vez ha hecho su enormidad de normas en la Industria, pues le toca el turno a la Agricultura, que siempre ha tenido muchas, pero ya ahora es terrible, al tener pocas más para la Industria, pues a esta ya difícilmente se le pueden aplicar más, todo ello bajo mi opinión, como lo es este libro, son mis deducciones, reflexiones y experiencia.

Por ello, en la agricultura de pequeña producción se vende la finca al vecino si es que la quiere y puede comprarla.

La agricultura es víctima importante del medio ambiente, las leyes de este predominan claramente.

En la Agenda 2030 se pretende conseguir la reducción total de los GEI (Gases de Efecto Invernadero) y llegar a Net Zero.

El Net Zero es el estado de impacto climático al que llega una entidad cuando sus emisiones son equilibradas con la eliminación de GEI. Es decir, que la empresa no tiene impacto ambiental. Y puede ser este concepto también aplicado a un país.

La agricultura bioinclusiva, nuevo término, es un modelo de producción agrícola que garantiza prácticas naturales y sostenibles, palabra muy de moda, trabajando no para producir, sino para recuperar la flora y fauna en las áreas de cultivo. Se trata de conjugar la producción de alimentos con la protección y recuperación de la biodiversidad —promulgada el 6 julio 2021—; esto quiere decir agricultor respetuoso con el hábitat y con las especies autóctonas, donde el tema agronómico va de la mano de la regeneración y conservación de la flora y la fauna y la reducción del consumo de recursos hídricos, energéticos y fitosanitarios.

En fin, lo que piden los españoles es lo que ya han hecho otros muchos colegas europeos.

- Piden que se rebajen y derogue parte de la Agenda 2030, que pretende disminuir las emisiones del carbono un 55 %.
- Que se rebajen las exigencias de la PAC, que se suavicen las normas sobre bienestar animal. Los animales tienen en su vida mayor control sanitario que las personas, asegura Pedro Barato, presidente de Asaja.
- En fin, mucho malestar por los agricultores, mucha inquietud y desesperanza.
- Según el Sr. Barato, la agricultura española este 2024 recibirá quinientos ochenta millones euros menos de la PAC.

También dice: «La sostenibilidad debe empezar por hacer sostenible la renta de los agricultores».

- La Ley de la Cadena Alimentaria no se cumple, lo que impide garantizar los precios mínimos para el campo.
- Plan de eficiencia hídrica o medir la Huella Hídrica es otro problema.
- Se vierte mucha agua de los ríos al mar para cubrir la normativa de caudales ecológicos.
- Las sucesivas normas laborales suben el precio de la mano de obra. Y su consecuencia es ser menos competitivos.
- Francia quiere denunciar el acuerdo de amistad con Marruecos, según se lee en algunas revistas.
- Las subidas de fertilizantes, los carburantes, la electricidad, lo que provoca menos competitividad de la agricultura.
- El transporte animal, con una amplia normativa, que es caro su cumplimiento.
- La protección al lobo prima más que la actividad agraria.
- El Cuaderno Digital, que en definitiva es el día a día del agricultor: sus compras, dosis...; es complejo, por lo tanto, desde luego tiene que ser rellenado por un técnico especialista, se ha aplazado por el momento, pero ya está el agricultor a más o menos meses en una espiral burocrática importante. Es, por lo que se ve, cuando se implante la única actividad, más o menos como un diario.

Ahora bien, que no se piense que con manifestaciones se ha de parar o volver a lo de antes, el camino dictado por la UE es el lógico, no debemos pensar en una marcha atrás, pero la lluvia de normas continuada no es una evolución, es una revolución. La revolución es una evolución instantánea tremendamente rápida, y por ello en su mayoría fracasan, es mejor una evolución sostenida y continuada para no caer en el fracaso revolucionario. Y es la UE a nivel mundial, la que lidera el cambio.

Una gran losa ha caído sobre la agricultura: la losa de la BUROCRACIA. Ya antes había caído en la Industria y no se ha frenado aún. El agricultor de toda la vida está acostumbrado a trabajar en el campo, pero muy poco en la oficina, y ahora le viene que tiene que estar todo el día de papeles y normas; esto va a cambiar todo el esquema y con costos de producción más altos y, además, no sabe mucho de papeleo.

El agricultor de toda la vida debe saber que su ciclo ha terminado y aunque le haya pillado tarde, debe evitar la enorme brecha tecnológica y aprender el manejo de los nuevos sistemas informáticos, no rendirse y hacer de la necesidad, virtud o bien retirarse como la mayoría está haciendo, para dar paso a los jóvenes, más habituados a la informática, para encarar con fuerza los nuevos tiempos en los que la telemática ha tomado gran protagonismo. Los nacidos en la posguerra de España tuvieron que empezar a trabajar desde niños, pues tenían que aportar a la familia para sobrevivir, el estudiar era entonces un «lujo», por ello, las personas que escriben con enormes faltas de ortografía, diría monumentales —las pequeñas las tengo yo—, me producen ternura y mucho respeto, tuvieron que trabajar de niños para sacar a España de su enorme colapso y lo hicieron inmejorablemente.

Lo rural tiene un gran encanto, una gran sinceridad por lo general, una riqueza cultural grande amasada de siglos. La ruralidad es un atributo positivo de la condición humana —me reitera de forma continua el amigo Antonio Jiménez Pinzón—, pero sujeta, creo yo, a cierto peligro de extinción al ver la disminución continua de las poblaciones del interior, básicamente los secanos.

Esta ruralidad cada vez va a ser más apreciada por los ciudadanos de las grandes aglomeraciones y la denominación de ETG (Especialidades Tradicionales Garantizadas), que significa autenticidad del producto, tiene un amplio recurrido.

La mención ETG no hace referencia al origen, sino que tiene por objeto proteger los métodos de producción y las recetas tradicionales y que esté producido con materias primas o ingredientes que sean utilizados tradicionalmente. La ETG se aplica a quesos, productos a base de carne, cerveza, pasteles y galletas, etc.

La ETG en Francia se llama *Label Rouge* (etiqueta roja) y es un símbolo francés que designa productos que, por sus condiciones de producción o fabricación, tienen un nivel de calidad superior con relación a los otros productos corrientes similares.

En la actualidad son cuatro los productos agroalimentarios españoles los que poseen la mención ETG, según Internet: El jamón serrano de características específicas, los *panellets* —dulce tradicional en algunas comarcas de diferentes autonomías—, la leche de granja y las tortas de aceite de Castilleja de la Cuesta —que supongo con este nombre por tanto se pueden fabricar en otros puntos, no es esto una denominación de origen—.

Todos los productos deben estar claramente etiquetados con el nombre y la marca y demás requisitos.

Pero tenemos otro problema en el campo andaluz, en el que nos centramos en este libro y es la «mano de obra», un problema muy grave y que va empeorando. No es decir nada nuevo porque es un secreto a voces que el PER (Plan de Empleo Rural) y todas las políticas de empleo en la agricultura hasta el momento son un verdadero fracaso y es una paradoja que haya por un lado personas demandantes de empleo y por otra parte las empresas agrícolas no tengan a gente a quien contratar. ¿Cómo se explica esto?

Hay personas que reivindican una especie de «regularización» a los inmigrantes ilegales siempre y cuando trabajen en el campo, como premisa ante la falta de personal en el mismo.

Por ejemplo, un caso: las grandes cadenas de alimentación, que compran el pepino por calibre en los invernaderos de la Costa de Granada; si el pepino se recoge cuando pesa entre trescientos a cuatrocientos gramos, tiene buen precio y si pasa unos días y engordan pagan a la mitad, centenares de pequeños agricultores necesitan personal que no encuentran y por ello hay quienes acaban pasando la raya de la legalidad y tiran de los que están dispuestos a hacerlo; es decir, los extranjeros sin permiso, por lo que los agricultores se ven en la tesitura de verse como delincuentes, aunque quieren hacer las cosas bien y esto les traumatiza por las consecuencias muy graves que pueden tener de tipo muy variado, ponen al agricultor al pie de los caballos.

Los que cobran el subsidio agrario, si se ponen a trabajar eventualmente pierden el mismo y después tardan bastante en recuperarlo, por ello, en muchos casos prefieren seguir con el subsidio y otras personas, no pocas —porque prefieren no trabajar sencillamente—, han perdido la costumbre. También conozco a algunos que han trabajado poco en su vida, porque no les gusta, pero no es en Andalucía, sino en cualquier punto, y yo diría que en cualquier país.

Los jóvenes no quieren el campo y se van a otros sitios donde ven más futuro y los que se jubilan no tienen quién le sustituya.

El personal extranjero es necesario, acordémonos de cuando los andaluces y de otras regiones de España, teníamos que irnos al extranjero, a Alemania, Francia o Australia porque allí demandaban mano de obra y aquí lamentablemente sobraba, porque nos faltaba de todo.

Por otra parte, cada vez nacen menos niños en España y en general en toda la Unión Europea, el crecimiento requiere personal, tendrán que venir extranjeros y hemos de verlo con naturalidad, si no lo vemos da lo mismo, de todas formas van a venir, veamos lo que ocurre en otros países de la Comunidad Europea, en Inglaterra y en Estados Unidos, por ejemplo, ¿dónde van los migrantes? De donde no pueden vivir a donde les dejen y haya demanda de empleo.

Ahora, por nuestro desarrollo, estamos en una posición inversa, vienen personas de otros países donde falta mano de obra a otros más ricos como el nuestro, hemos de verlo como natural, lo que sí me preocupa es a dónde vamos a parar con tan enorme deuda pública, y cómo vamos a pagar la misma, si ya el montante de los intereses es más que tremendo.

Si lo que recauda el Estado es para pagar Deuda, pues no sé cómo se van a atender otras muchas necesidades que necesitan mucho dinero.

En definitiva, que faltan personas para trabajos temporales en el campo, lo que constituye un problemón. Cuando una finca tiene dimensiones adecuadas —y en esto de la dimensión idónea, intervienen muy numerosos factores, bastante diversos y cambiantes con el tiempo— hay que mecanizarla al máximo y así evitar el grave problema de la falta de mano de obra para el campo, o cambiar de cultivo a otro que no de estos problemas, que pueden ser un terrible golpe para sus economías si en época de recolección no encuentran personal para que lo haga, por ejemplo. Y ya no es cuestión de dinero, pues se paga por encima del convenio y en muchos casos ampliamente según zonas. Por ello, la mecanización agrícola está muy acelerada, y en cultivos de mucha mano de obra, como no la encuentran, se ven obligados a cambiar de cultivo para no vivir en continua zozobra.

Todo ello conlleva una enorme problemática para el agricultor pequeño, porque por las dimensiones de su finca no es posible mecanizar y la crisis en el campo andaluz se agudiza, pero no es el problema más prioritario.

El prioritario, el importante, el insoslayable es el agua, y en este libro, si de alguna forma hago ver el tema, no de forma, sino profundizar un poco hasta conocer su verdadera dimensión, con ello me doy por muy satisfecho, mi objetivo es colaborar para que se tenga conciencia concreta del campo andaluz y sus medidas y no ir a tópicos generales que nada aportan, salvo una «concienciación» que sirve para poco y por una información incorrecta. El campo es un terreno grande, que todos saben que está fuera de las ciudades y poco más. El gran desconocido, y eso que estamos a su lado.

Las empresas de servicios agrícolas tienen el mismo problema, muchísimo trabajo en momentos punta y después meses de inactividad, lo que hace que muchas tengan una corta vida y sea imperioso, donde se pueda, conseguir diversificación, con la tendencia utópica a trabajar todo el año, lo cual es más que dificultoso, pero sí al menos que tengan varios meses de trabajo y le permitan permanecer en el mercado y no cerrar, ya que en las empresas de servicios es el personal especializado y hay que mantenerlo todo el año, para que no se vaya.

En fin, termino este capítulo, indicando que el tiempo me ha enseñado que la sinceridad es absolutamente necesaria, salvo cuando la misma puede dañar a una persona; en este caso es mejor callarse y en última instancia actuar con enorme delicadeza, o no actuar.

Evidentemente, si es un tema técnico y por tanto no personal es otra cosa muy diferente, es simplemente aclarar conocimientos, por ello, entre otras cosas, la técnica es irrefrenable.

11. El agua en Andalucía: un enorme problema aún sin resolver

Somos la primera comunidad autónoma en términos absolutos de superficie regada: 1.104.000 hectáreas, que es el 28 % del total de la superficie nacional regada, otra cosa es que la superficie regada tenga agua.

Por otro lado, esta cifra induce a confusión, porque hay que tener muy en cuenta la gran superficie de Andalucía, en comparación con las demás Autonomías y la situación de sequedad, al ser el clima casi africano.

La superficie regada andaluza se distribuye así:

Riego por gravedad o manta………160.000 has.
Aspersión……………………………….…62.000 has.
Automotriz…………………………………..16.000 has.
Localizado……………………………….866.000 has.
Total……………………………….1.104.000 has.

Tiene, como se ve, una presencia mayoritaria de riego localizado, es decir, el riego por goteo, que ha aumentado progresivamente, representando el 78 % del total de los sistemas de riego, tema muy importante a reseñar por el menor consumo de agua. Este dato es muy significativo, porque sitúa a Andalucía como la región más adelantada del mundo en utilización de sistemas de más economía de agua, líderes y con gran bagaje de experiencia. Tema para destacar. Y la concienciación andaluza para el ahorro de agua.

También es importante la presencia del riego por gravedad o a manta (15 % del total). El riego por gravedad está desapareciendo de forma muy rápida, siendo sustituido por el goteo. Es lo lógico, salvo para algún cultivo específico, tal como el arroz. Con el consumo de agua en una hectárea en riego a pie o manta, se riegan tres por goteo, la opción es sencilla.

Los sistemas de presión están presentes en poca superficie en relación con el total, es decir, riegos por aspersión convencionales y riego pívot básicamente.

En definitiva, tenemos las ideas claras y vamos a los sistemas de menor consumo de agua, como es el riego localizado o goteo.

Justo es recordar a D. Faustino Martín, gran empresario onubense y buen amigo, que empezó junto a dos o tres socios la empresa Nuevas Técnicas de Riego —en Lepe—, con el fin de instalar el riego de cinta enterrada, riego por exudación, recién aparecido en Estados Unidos y que fue en ello pionero en Europa y de los primeros en riego localizado en Andalucía, estamos hablando de hace aproximadamente cuarenta y cinco años, si bien, tras muchos esfuerzos, el sistema no llegó a prosperar, por causas muy variadas —seguramente porque se anticiparon demasiado al futuro, que ahora se retoma con modificaciones actualizadas, como es el sistema goteo enterrado—. Me estoy refiriendo al riego de cinta por exudación Viaflo, por el que tanto luchó la empresa mencionada.

El empresario es una persona de porvenir incierto, en alta medida, que vive en la incertidumbre, no tiene ni idea de cómo estará el año próximo, con tantos cambios y tantas incógnitas.

Al hablar de Huelva no puedo evitar recordar igualmente al compañero D. Ramón Aguilar, fallecido a principios de 2024, pionero en la empresa donde trabajaba de la fresa en Huelva. Desde sus inicios, ya mayor, fue asesor en China de este cultivo y también asesor para otros cultivos en algún país de América del Sur. En la última reunión que tuvimos, allá en una cafetería de la Avenida República Argentina en Sevilla con mi sobrino, el también compañero Ingeniero Técnico Agrícola Carlos Pineda Sánchez-Garrido comentó: «El futuro del agricultor es crear marca, ser marca y producir cosas diferentes, el futuro del agricultor está en viajar a otros países, viendo otros cultivos y viendo supermercados en el extranjero y lo que compran los ciudadanos, el futuro del agricultor está envasando y teniendo su propia red clientelar, innovación, producción y comercialización». Descansa en paz, amigo, nunca te olvidaré, siempre fuiste para mí un referente.

Otro pionero del riego por goteo es el Ingeniero Técnico Agrícola Antonio Gómez-Aguilar Galindo, hace muchos años retirado y del que no sé nada, iniciador de los primeros campos de riego por goteo en Huelva y Sevilla.

Se procura ahorrar agua al máximo en Andalucía, entre otras cosas porque carecemos en alta medida de ella.

Miren, llega el caso de que en nuevas plantaciones de olivar de secano se crían hoy inyectándoles pequeñas aportaciones de agua, sobre diez litros por olivo durante el primer año, no hay agua ni para este momento y este estadio fundamental, porque además no llueve como antaño. Según dicen todos, pues antes he vivido varias sequías en Andalucía, la del 1992, que no llovió nada el año de la Expo de Sevilla, otra en el 1996 y más tarde otras dos o tres.

En este punto quería indicar un pensamiento de siempre pero que nunca he llevado a la práctica como seguimiento técnico, me refiero al «agua sólida», no al hielo, desde luego, otros le llaman en Estados Unidos «agua seca», sino con este nombre: se trata de un polímero adecuado para este fin, que, con agua en forma hidrogel, bolitas llenas de agua, que seguramente todos hemos visto como adorno en hogares y en otros fines.

El polímero debe añadirse al agua previamente a su inyección en el suelo y, una vez formados los hidrogeles, inyectarlos en él, es la forma de mantener el agua cierto tiempo, y que los pelos absorbentes de las raíces se nutran lo que puedan de la misma; lo lógico sería dejar colocadas unas señales para próximas recargas solo de agua sobre los hidrogeles enterrados. Bueno, esto lo tenemos de momento poco desarrollado y hay que incidir, hay poca experiencia por lo general.

Los cultivos bajos en el Valle del Guadalquivir están poco a poco siendo sustituidos por cultivos arbóreos por cuestión de rentabilidad, tal como el maíz, al no poder competir con el grano de otras procedencias, importado o no; me acuerdo hace algunas décadas de producciones de 10.000 o 12.000 kilos en esa zona e incluso más, pero esto es historia.

El algodón disminuye ligeramente y ya no se abona por falta de rentabilidad adecuada. Mucha menos producción, pero también mucho menor gasto; se obtiene más rentabilidad con menos producción, caso único sin duda por la subvención que permite mantener el cultivo, y esto son ciclos que pueden variar por circunstancias de los mercados.

En la zona del Valle del Guadalquivir en la provincia de Sevilla se me comenta que ya no se riega a pie o por gravedad debido a sus costos, todo es por goteo, y me pregunto: ¿estos cambios rápidos los recoge la estadística oficial? Son, en muchos casos, de la noche a la mañana.

En fin, la Vega del Guadalquivir se cubre de cítricos, más olivar intensivo y superintensivo y almendros. Lo de los almendros se las prometían felices, después de unos años buenos ya no es así y en riego empiezan a desestimarse nuevas plantaciones e incluso quitar alguna de las existentes, por su gran gasto, las cuentas no son como se pensaban hace unos años y no les salen. Esto es frecuente, pensamos que encontramos una veta en algún nuevo proyecto y después es un fiasco.

Cultivos con mayor superficie regada: olivar, algodón, naranjo, arroz y almendro; la superficie de regadío de estos cinco cultivos representa el 75 % de la superficie total regada de Andalucía en 2019; el cultivo del arroz es de riego por gravedad e inundación en su totalidad.

La producción andaluza agraria del regadío: 6.657 millones de euros, que es el 64 % de la producción de la rama agrícola total, que son 10.000 millones más 2.000 millones de ganadería.

Estas cifras son tremendas, me refiero a que el 64 % de la producción final agrícola es producido por el 25 % de la superficie de cultivo andaluz, que es la de riego; esto para reflexionar.

Por consiguiente, el 75 % de la superficie que es el secano solo produce el 36 % del total productivo de Andalucía. Es decir, un 25 % de secano supone el 12 %, en comparación con el riego, que en vez del 12 %, produce el 64 %; la diferencia productiva entre secano y riego es inmensa, el riego es cinco veces más. Es la disparidad total.

He hecho un pequeño ejercicio: si la superficie de riego aumentase 500.000 hectáreas —es decir, del 25 % de la superficie pasara al 33,5 %—, la producción vegetal andaluza aumentaría un 30 %, situando la misma en 12.900 millones de euros —aparte los 2.000 millones de sector ganadero—; un crecimiento tremendo. Aumentaría el PIB agrícola andaluz en un ¡30 %! —actualmente 10.000 millones de producción vegetal andaluza—; pasaría a 13.000 millones —el impacto en la economía y en la mano de obra sería tremendo de positivo—. ¡Esto sí que es crear empleo!

Porque actualmente se hablan en estrategias políticas de crear puestos de trabajo, que no sé cómo; creo recordar que con el anillo ferroviario de Antequera, ya olvidado, se iban a tener no sé cuántos miles de puestos de trabajo, cosa que evidentemente no cabía en mi cabeza. Los puestos de trabajo son una consecuencia del aumento del PIB, si se nos explica cómo se aumenta el PIB, me refiero no en generalidades sino de forma concreta, y ya a la vista de ello se puede estimar el número de nuevos empleos. Este concepto es necesario tenerlo muy claro.

Se trata en definitiva de que la superficie regada, actualmente el 25 % de la superficie agrícola andaluza —que son 4.400.000 en total—, suba al 33,5 %, solo un 8,5 % más, restando esos puntos al secano problemático y cada día menos rentable, que ya es decir —salvo excepciones, que obviamente que las hay—.

Actualmente, el sector agrícola en Andalucía tiene 275.000 empleados, según datos publicados en Internet; es bastante pensable que con 500.000 hectáreas más de riego por goteo, se crearán unos 80.000 puestos de trabajo directos y del orden de 50.000 indirectos. Una estimación que podría decir cómo llego a ella, pero sería alargarme mucho.

El sistema de riego subterráneo con goteros enterrados y la tubería de polietileno que los abastece de agua están triunfando en algunas comarcas, en otras pasan de momento de ellos y en otras se les defenestra sin haberlos utilizado; esto pasa siempre con todo lo nuevo. Es un capítulo que está por ver, yo, personalmente, creo mucho en él y supone más ahorro de agua.

Como los goteros enterrados «no se ven», se teme que puedan quedar obturados y no enterarnos de que no se está regando, esto que parece de bastante sentido común para no poner este sistema, pero con las debidas precauciones no se tiene el problema, manteniendo un pH del agua adecuado e igualmente procediendo a hacer limpieza con hipoclorito —para destruir materia orgánica— y, aparte, nunca simultáneamente con nítrico, ni contacto mínimo entre ellos —jamás mezclar nítrico con hipoclorito, el problema es terrible, la limpieza debe ser absoluta, ni la más ligera contaminación—.

Con el riego subterráneo, el consumo de agua es menor que en el goteo de superficie al no haber perdidas por evaporación, por tanto, con menos agua se riegan más hectáreas, la superficie del terreno no tiene conducciones de agua y es más fácil trabajar sobre ella sin obstáculos; estamos hablando de cultivos arbóreos, evidentemente la eficacia del fósforo es mucho mejor porque no hay el mismo desplazamiento en el suelo y queda inmóvil, es mejor, por tanto, ponerlo a la altura de las raíces, se hace una nutrición diaria y, desde luego, mucha menos maleza.

Yo confío que en el futuro tenga una amplia repercusión, pues su instalación también es más económica, con máquinas que sitúan dicha tubería flexible. Los que lo tienen están muy satisfechos, al menos lo que he visto.

Hay que hacer todo lo posible para ahorrar agua, pero hemos de tener en cuenta que un problema mayúsculo que tenemos con el agua es que el 45 % de la misma no llega a las parcelas de riego para este, se pierde lamentablemente en el camino, con acequias de tierra, en otros casos de cemento ya envejecido y roto, o tuberías enterradas de fibrocemento, con más salideros en las juntas que el agua que circula, en fin, un desastre. Esto es lo primero, lo principal, y dejarnos de rodeos y de mirar a otro lado. Y esto es un problema de fuertes inversiones que no se ataca, salvo en puntos aislados concretos.

Hoy día la tecnología permite colocar de forma rápida tuberías enterradas de polietileno virgen de gran diámetro, con juntas electrosoldadas que evitan todo tipo de fugas y que es una materia flexible en cierta medida, que impide roturas y que es de larguísima duración, siempre que sea polietileno virgen y no tenga cargas destacables de carbonato cálcico u otras que abaratan su precio, evidentemente, pero hacen su vida mucho más corta.

En definitiva, con el tiempo cada agricultor tendrá su contador de agua, conectado vía satélite con el centro de datos de los que ya hay muchos, pero hablo en general, y recibirá los cargos de consumo sin que haya que ir a ver el contador, esto de los contadores ya funciona en algunas zonas de Andalucía y habrá un control lógico sobre el consumo de agua, hace falta además una infraestructura de suministro adecuada. El agua ha pasado a ser un bien muy apreciado. El consumo de agua agrícola está controlado como si fuese una vivienda.

De esta forma, si conseguimos controlar bien el agua que tenemos, nos permitirá regar mucha más superficie optimizando los recursos.

Últimamente se me comenta que, en cultivos en líneas, se va generalizando el uso de «mantas» de material adecuado sobre el suelo por dos razones: una para no tener que utilizar herbicidas, pues con estas no hay hierba, y dos, porque se impide la evaporación de la humedad del suelo y hay que utilizar menos agua para regar. ¿Llegará un momento en el que se añada hormigón al campo en cultivos arbóreos para evitar evaporación en las calles y ser mucho más cómoda la mecanización? Esto, evidentemente, es una exageración, lo escribí hace años lo del hormigón y gustó, pues quién sabe cómo puede evolucionar la agricultura, evidentemente, con ello quería decir no hormigón en sí, sino una impermeabilización del suelo, pero en cierta medida un suelo rígido como tal. Bueno, nos queda mucho por ver, lo que hay ahora dentro de unos años será diferente y seguiremos cambiando más y más. Lo que ocurre es que estos temas debemos resolverlos en Andalucía, porque en los países del norte de Europa donde la pluviometría es alta no entran, obviamente.

En Andalucía, para la dirección de las políticas del agua se debe recurrir a personas con larga experiencia y preparación, yo diría como en todo, pero creo yo que se recurre muchas veces a políticos fuera de este sector, desvinculados del mismo, cuando debe estar bastante profesionalizado por su alto contenido técnico. Y las personas que se incorporen a esta especialidad, si son jóvenes, caen en errores que, si hubiesen preguntado a los mayores, los habrían evitado, pues los mayores ya los padecieron. Parece que hoy la experiencia no es un valor, sino a veces, en un mundo de inexpertos, se convierte en un problema.

-Uno de los temas es disminuir el riego por gravedad o a manta, comentado antes. Pero no debemos empezar por ahí, pues es un asunto que está disminuyendo solo, sin que nadie lo diga, y ya está bien de empezar prohibiendo, es mejor que la Administración haga lo que debe hacer. Lo de prohibir y dar instrucciones para que los hagan otros no es tarea difícil, lógicamente, pero está habiendo una eliminación natural del riego a manta, entre otras cosas requiere personal que no hay.

-Muchos de los riegos actuales por goteo requieren una costosa modernización, son muy primitivos, muy antiguos, se instalaron cuando se estaba iniciando el goteo, con los conocimientos embrionarios que había entonces, y la tecnología hoy ha cambiado una barbaridad. Con la actualización se consigue, desde luego, disminuir el consumo de agua, me atrevo a decir que al menos de un 20 % en números globales, quizá más que una modernización habría que hablar por una sustitución por elementos modernos. En ello, por ahorrar, se han hecho bodrios, las instalaciones en riego por goteo deben ser revisadas y autorizadas, empezando por las nuevas y que cumplan unos determinados estándares; esto, desde luego, supondrá para el agricultor un notorio esfuerzo, al que entiendo habrá que ayudarle para que tengan instalaciones modernas y optimizadas. He visto por ejemplo comunidades de riegos en Jaén que son instalaciones tremendamente deficientes, con el consiguiente despilfarro de agua.

Conviene conocer que España, en riego por goteo, es la segunda nación del mundo en superficie después de Estados Unidos, y que somos un referente mundial es esta área. Es para estar orgullosos, y agricultores y técnicos de muchos países vienen a verlo a España, y lo digo con conocimiento por haber estado en no pocas visitas de extranjeros, que pedían a la empresa donde yo trabajaba y con la que tienen relación este favor, en definitiva, de conocer a fondo el riego por goteo en Andalucía.

El nombre de «riego por goteo» es antiguo, y sería mejor llamarle «riego de precisión», que viene a decir «riego exacto», de total aprovechamiento, nombre que tiene un largo recorrido y que lleva muchos años usándose, pero no es, lo vamos a llamar así, de uso por parte del agricultor, habitualmente se le viene llamando también «riego localizado».

- En los embalses, el consumo del agua está previsto para las grandes ciudades y el excedente para agricultura.

Hay que nombrar California cuando se habla de Andalucía y del agua; en California hay, si cabe, más irregularidad de lluvias que en Andalucía; en el fondo somos gemelos climáticos y allí se ha afrontado el tema de agua de riego como muy importante, y se han construido «embalses de derivación», a los que se les bombea agua cuando llueve y además se hacen recargas de acuíferos para asegurar el sector productivo agrícola. En Andalucía nos falta capacidad de regulación, para lo que se requiere infraestructuras, que no se debe considerar gasto, sino una inversión que se recupera con el aumento del Producto Interior Bruto Agrícola.

En los últimos quince años se deberían haber empezado en Andalucía quince obras hidráulicas y diecinueve proyectos de modernización, pero esto es lo previsto en su día, la realidad es demoledora, de las quince obras hidráulicas solo hay dos iniciadas, una de ellas muy recientemente y la otra, la presa de Alcolea, ejecutada un 20 % y paralizada desde 2017, de los demás todo a cero, en muchas ni siquiera los proyectos terminados de redactar. Del resto de las obras, la excepción más relevante, es el Proyecto de Mejora del Tramo Común del Bajo Guadalquivir, ya licitado. Desde el 2009 no se ha iniciado ni una sola obra de regulación nueva en Andalucía. Salvo la de Siles (Jaén) en 2012, que no da servicio a sus usuarios por falta de conducciones.

Sí conviene estudiar la forma de evitar la evaporación del agua o disminuirla en los embalses, en climas de tan altas temperaturas como las de Andalucía, mediante el establecimiento de un líquido que flote, que impida la evaporación o la disminuya. Esto no es una realidad, es solo una idea.

Otra alternativa pueden ser las mantas flotantes. En estos temas Medio Ambiente ya pondría sus pegas, de momento solo hemos de pensar en ver qué tecnología es la más apropiada; cuando la tengamos ya se verá cómo se puede afrontar, resolvamos primero lo primero. Aquí hay campo para investigar.

En Andalucía tenemos una Confederación, la Hidrográfica del Guadalquivir, que es intercomunitaria —afecta a más de una autonomía— y por ello depende del gobierno central, aunque mayoritariamente es andaluza; después de ello tenemos las Cuencas, que dependen de la Junta de Andalucía y que son: la Mediterránea, la Atlántica, el Guadiana y la Guadalete-Barbate.

El establecimiento de balsas de gran capacidad, que permita llenarlas desde los ríos en la época de no consumo de agua de riego, que coincide con las lluvias, es una medida genial igualmente, ya se construyeron en su momento algunas junto al Guadalquivir, desde cerca de Sevilla Capital a más o menos Lora del Río; en definitiva, almacenamiento de agua de regulación.

Es importante en las depuradoras de agua no verter el agua tratada a los desagües ni al mar si están en la costa, sino establecer el almacenamiento y conducción para que sea utilizada en riego. Yo sé de una depuradora importante cercana, no hablo en Antequera, sino en un domicilio donde viví con anterioridad, donde regeneran el agua y la descargan en el río, por ejemplo; me parece fatal, pudiéndose regar con ella, tirarla al río, me ha parecido siempre un disparate, con la falta tremenda de agua que tenemos. Sin embargo, el control a los industriales es tremendo, hoy día la industria, toda, tiene que depurar el agua.

Como sabemos, las aguas residuales domésticas contaminadas por los usos urbanos deben ser depuradas en las Estaciones Depuradoras de Aguas Residuales (EDAR), en las mismas se intensifica de forma artificial y controlada en poco terreno y breve tiempo. En definitiva, hay un tamizado o criba, después un desarenado y desengrasado. Un tratamiento primario para decantar sólidos en suspensión y un tratamiento biológico, creciendo la colonia de microbios que se comen la materia orgánica del agua, para lo cual hace falta una adecuada aireación, que proporciona oxígeno, y, posterior a ello, otra decantación.

Finalmente, un tratamiento terciario mediante productos químicos para reducir algunas sustancias concretas y un sistema de desinfección. De estos procesos surgen lodos o fangos que se desecan y suelen ser utilizados en agricultura, o transportados al vertedero.

La mayor multa de la historia de Europa a España es sobre el agua y sigue creciendo cada año; dichas sanciones superan los ochenta millones euros anuales por no depurar el agua. La Unión Europea considera que los esfuerzos de España en esta área son insuficientes, incluso leí en su momento que las ayudas para depuradoras algunos ayuntamientos se lo habían gastado en otras cosas; por lo menos esto ocurría hace años.

En fin, las depuradoras son muy diversas, pero convendría que los alumnos de los colegios y la población general fuesen a visitarlas, así cuidaríamos más vertidos inapropiados, y no tirar al desagüe cosas tales como colillas de cigarrillos, plásticos, restos de comida, aceites de cocina, etc. La ciudadanía en general debería conocer las mismas.

Las aguas regeneradas adecuadas para el riego pueden ser mediante el sistema de osmosis, incluso pueden ser utilizadas como potables; de hecho, hay ya algunas con total garantía sanitaria, lógicamente es costoso el sistema de potabilizar aguas residuales, pero para riego estos sistemas sofisticados de depuración no son necesarios, los hay solo en Cataluña que yo sepa.

En Antequera, el proyecto de que las aguas del EDAR sean utilizadas para el riego y haya una red de EDAR ya está en marcha, ahora es cuestión de tiempo verlo en la realidad. Aunque ya sabemos obviamente que es totalmente insuficiente, este proyecto se refiere a la Depuradora de Antequera.

La densidad de la población en Málaga y Costa del Sol hace tener un alto volumen de aguas residuales, que las mismas, una vez depuradas, en vez de enviarlas al mar, evidentemente, hay que utilizarlas en agricultura, donde tanta falta hace; además, de paso se contamina menos el mar y es bueno para las playas.

El proyecto de «autovía del agua», es decir, de que las aguas regeneradas de la costa fuesen bombeadas al interior, tiene una lógica aplastante. La inversión estimada es setecientos cincuenta millones de euros, para bombear cincuenta hectómetros cúbicos, es decir, 50.000 millones de litros que supondría poner en riego 30.000 hectáreas. ¡Sería genial, fantástico!

La tubería partiría de Málaga hasta el municipio de Villanueva de Algaidas, ello conlleva balsas de acumulación de agua en diversos puntos del recorrido y canalizaciones hasta fincas.

Este ambicioso proyecto está liderado por Dcoop, la cooperativa de segundo grado, cuya sede central está en Antequera y cuyo presidente y líder es D. Antonio Luque. Para este proyecto se ha constituido la Comunidad de Regantes Dcoop. El proyecto en el que trabaja Dcoop se llama Futuraqua.

Asaja, de la provincia de Málaga, que es la organización agraria con más peso en la provincia, está liderada por el Sr. Baldomero Bellido, y saben bien que hasta que no se arregle el problema del agua, no habrá futuro. Asaja apoya 100 % dichos proyectos.

Hoy ya en los detergentes está prohibido utilizar productos fosfatados, me refiero fundamentalmente al tripolifosfato, producto soluble directamente mezclado con el agua y vertidos al mar, hacen crecen desmesuradamente las algas y las plantas de fabricación de este producto se han cerrado, a lo mejor, supongo, queda alguna para producción en pequeñas cantidades para otros fines, pero en España no, desde luego. Las que conocía se cerraron, obviamente con los despidos correspondientes.

Es razonable que, con el tiempo, haya en las ciudades doble circuito de agua: una potable y otra en los municipios para jardines y fuentes, no potable, pero sí de costo mucho más reducido; me refiero a aguas depuradas, por ejemplo, y que haya agua en las fuentes, que en definitiva es agua en recirculación, aunque habrá pérdidas por evaporación, además del gasto energético, pero que dan una belleza y una categoría a la ciudad impresionante en las localidades donde las tienen clausuradas.

El agua residual en Málaga que se vierte al mar es en la actualidad 1.500 litros por segundo.

-En la costa, con el clima subtropical que tenemos y los cultivos tan apreciados en Europa, está claro que debemos aprovechar el agua de las depuradoras, lo que ocurre en la Costa del Sol es que queda poco espacio para los cultivos.

En la costa, por su clima cada vez más poblada: a más población, más consumo de agua. Este mayor consumo de agua evidentemente conlleva al uso de desaladoras como medida indispensable, desaladoras en las cuales es indispensable para disminuir el costo de producción del metro cúbico de agua recurrir a las placas solares o a otro tipo de alimentación fotovoltaica. De esta forma las desaladoras, cada vez más tecnológicas y de menor costo por metro cúbico de agua desalada, serán una figura más que numerosa en la costa, y a tener muy en cuenta igualmente para los riegos agrícolas, como ya de hecho se utilizan en Almería.

En el mundo del agua para la agricultura, nunca he visto una mediana agilidad, y ocurre que hay muchos pozos ilegales, no porque el agricultor quiera, sino que cuando encontraron agua, peticionaron su legalización y han tenido la callada por respuesta; al menos es lo que he visto, y consecuencia de ello, pues tenemos pozos ilegales, que conviene dar solución a los expedientes en el sentido que sea y tener un mejor control sobre los mismos y autorizar pozos hasta un límite de profundidad para que la capa freática no baje de ese nivel, almacenando el mismo en balsas. Los expedientes de solicitud quedan almacenados en los organismos públicos de forma habitual, se me comenta en numerosas ocasiones.

Los expedientes de pozos y de otros temas que se exponen a la administración son lentos, tan lentos en muchas ocasiones que, quizá, no los vean resuelto la generación actual.

¿Son ilegales los pozos que una vez encontraron agua, peticionaron su legalización y jamás se le ha contestado en ningún sentido? ¿No se puede aprobar por silencio administrativo después de un tiempo de la solicitud oficial?

Escribí un pequeño ensayo en un librito, *Plan Andaluz del Agua,* editado por ExLibric y que se pueda adquirir en esta editorial o en Amazon. Esta editorial trabaja con el sistema de que confeccionan el libro «a demanda», con los nuevos sistemas de impresión de uno a uno, cuando se recibe el pedido y de forma automatizada, hacen el libro, tremendamente rápido.

Sabemos que tenemos un problema grande con el agua en Andalucía, lo sabemos todos, pero se resuelve bien poco, al ser tan grande, pues es difícil meterle mano. Los grandes problemas requieren grandes soluciones.

Hablamos de gestión eficiente del agua, sería bueno quitar algunos organismos de la administración que se hicieron en su momento, dejaron de hacer falta, pero siguen existiendo, esto es cuestión de opiniones desde luego, para mí, aunque se han suprimido ya muy diversos, a la poda adecuada le falta un rato grande.

Un organismo que sería necesario crear sería el Instituto Andaluz del Agua, para estudiar este tema a fondo y dar o proponer criterios incontestables, por su solidez; a ubicar en un sitio céntrico en Andalucía como es Antequera.

Por otro lado, los Centros de Investigación Agrícola de la Administración, dedicarse algunos de ellos a cultivos desconocidos en Andalucía y su implantación en nuestra comunidad autónoma. Desconocidos aquí, pero normales en otros países de nuestro planeta.

Por ejemplo, la costa de Almería tiene mucho sol y un mercado europeo cercano, por ello se ha convertido en poco tiempo en la productora más importante de hortícolas del mundo. El primer invernadero se puso en marcha en 1963, de cien metros cuadrados. Yo empecé a ir por Almería en 1968, era la costa una zona desértica, con algún que otro invernadero aislado, el consumo de fertilizantes era mínimo; allí contacté fundamentalmente con los distribuidores de la época, pero muy especialmente con D. Octavio López García (La Rábita-Albuñol, en el filo de la provincia de Granada) un líder que fue, y otro gran líder con el que tengo relación, como lo es D. Antonio Navarro (Navasa), con el que se iniciaron los abonos líquidos en Almería (Navacros), de alguna forma he convivido con el desarrollo enorme agrícola de Almería y contactado con posterioridad con grandes profesionales de los fertilizantes, que no enumero por no alargar el tema. D. Antonio Navarro, sin duda una figura muy importante en Almería y Medalla de Oro de la Junta de Andalucía.

En fin, se dan las condiciones óptimas, es decir, los medios de sol, agua y temperaturas adecuadas para que la agricultura haya tenido un enorme desarrollo tecnológico y expansivo. Si se ponen medios para producir, desde luego el agricultor bien que los utiliza, si no tiene agua, entonces la evolución queda cortada. Es necesario espacio, superficie, suelo, pero no necesariamente suelo agrícola. Ya hoy el suelo agrícola se pone encima del suelo roca, teniendo agua.

En Almería, con desarrollo tecnológico muy alto en el agua de riego, se controla y regula el pH, y se regula y controla la conductividad eléctrica; sin embargo, en el resto de Andalucía esto no se hace.

El control de consumo de agua, mediante contadores volumétricos, la regulación de pH y conductividad adecuada, hacen que «se pueda conducir el cultivo», que se pueda controlar su evolución, esto es fundamental, y es necesario para optimizar producciones y se hace en Almería de forma general, pero solo en esta provincia, no en las otras; salvo en Almería, la fertirrigación es muy deficiente, con pocos medios técnicos y pocos conocimientos científicos, por lo que hay un buen espacio de mejora de producciones y calidades, hay que ver cómo se puede educar al agricultor en una fertirrigación óptima y controlada, que en olivar desde luego no se hace, y que es urgente solucionar; lo que ocurre es que el agricultor olivarero de riego tiene un problema más grave: la falta de agua. Es un importante tema pendiente, que se resuelve con una mejor información y preparación al agricultor.

He de reseñar que las bombas dosificadoras de abonos líquidos —yo no le veo ningún sentido a utilizar sólidos para disolver en agua, si ya en líquido lo tenemos disueltos— se ha ido a lo barato y así, por ejemplo, todos los sistemas que se utilizan en Almería, todas las mesas dosificadoras se basan en el «efecto Venturi», es decir, en un estrechamiento de la circulación de agua en la mesa dosificadora, lo cual hace que aumente la velocidad de la misma y en ese estrechamiento se produce, mediante un orificio, una succión del abono líquido o de la solución madre hecha en la finca con fertilizantes sólidos.

Este sistema es más barato, desde luego, pero hay que manejar sólidos muy solubles y más caros, y, además, toda la mecánica de su manejo de sólidos, apertura de sacos y su disolución en agua para ser absorbidos en la mesa de dosificación. Se ahorra una parte destacable en la mesa de dosificación y por abaratar en la inversión de dosificación, tienes costos muy elevados todos los años, que elevan y bastante el costo inicial de la instalación bien hecha; los costos hay que verlos en total en fertilizantes y mano de obra para la preparación de soluciones madre.

La distribución de fertilizantes y fitosanitarios está cambiando mucho, por circunstancias evolutivas como mejora ostensible de las comunicaciones y de los medios. Subida de precios de los *inputs*.

Observo cómo antes, en cada pueblo, había por ejemplo un distribuidor o dos de abonos y fitosanitarios, como mueven poco volumen y con la mejora de las comunicaciones, van desapareciendo y hoy los distribuidores comarcales, con medios para atender con prontitud una comarca amplia, tienen volumen para desplegar los medios y soportes técnicos adecuados.

Pequeños fabricantes de abonos líquidos y envasadores de sólidos van abandonando la actividad al no poder estar en el mercado por todos los requisitos legales que se requieren, y porque por su volumen no es rentable, dejando paso a productores de talla alta y entidad.

Las restricciones muy importantes en agua de riego por falta de esta hace que las producciones bajen de forma ostensible en las muchas extensiones donde ello sucede, tomando en los casos que corresponde tintes muy dramáticos, y que lógicamente disminuyen el PIB agrícola de Andalucía y son fuente de pobreza y de paro. Por ello, si el agua desembalsada se reduce de forma ostensible, como ocurre, debido a la poca agua en las presas, repercute total y directamente sobre las producciones agrícolas de forma enorme, que es lo que nos ocurre.

Ante el problema del agua en la agricultura está muy claro que se está tomando conciencia, los líderes políticos en Andalucía hablan ya modernamente de ella, de forma destacable, lo que es un paso adelante para tratar de solucionarlo, y esto antes no ocurría.

La única demarcación que consigue reducir su déficit hídrico de cara al horizonte futuro es la demarcación de Cuencas Mediterráneas Andaluzas (Almería) que reduce su déficit en ciento sesenta y cinco hm^3 debido a la planificación de entrada de ciento veinte hm^3 procedente de la desalación y ochenta y dos hm^3 procedente de aguas regeneradas a pesar de que sus recursos superficiales y subterráneos descienden considerablemente. Esto demuestra el potencial que pueden jugar los recursos complementarios en demarcaciones litorales y la importancia de gestionar de manera eficiente los recursos a través de un «*mix* hídrico», atendiendo a diferentes orígenes de estos —superficiales, subterráneos, depuradas, desaladoras y trasvases—, que deben ser integrados de manera inteligente para atender las demandas existentes en nuestro territorio con mayor garantía y respetando los derechos preexistentes.

Almería y Málaga albergan algunas de las plantas más avanzadas de España y con más capacidad de desalación, que es Escombreras en Almería con 120.000 m³ diarios y la de Atabal en Málaga con 165.000 m³ diarios.

Siete son las plantas más importantes de Andalucía; en total se desalan doscientos cuarenta hectómetros, es decir, doscientos cuarenta millones de m³.

En fin, la sensación es que se quiere esperar a que el dicho «con el agua al cuello» en la agricultura se transforme en «nos hemos ahogado» para tomar en serio la delicada situación hidrológica que tiene Andalucía y actuar de una vez defendiendo a un sector agroalimentario, que es el más grande España.

¿Queremos un mejor futuro para Andalucía?

Pues vamos a dedicarnos a poner en valor los recursos que tenemos, lo que no quiere decir que estemos cerrados a otros temas, pero centrémonos en objetivos y en nuestra agricultura.

Centrémonos en el agua y no nos dispersemos en mil cosas para no hacer ninguna.

Si la estructura del agua no puede acometerla la Administración, pues no debe descartarse el que lo hagan también empresas público-privadas que suministren agua a precio asequible y con buena organización, al menos en una parte del problema. El tema hay que resolverlo.

El agua es fundamental en nuestra Andalucía con clima parecido al africano, para obtener cosechas con cultivos intensivos, para producciones de alto rendimiento tanto de vegetales como de animales, no podemos estar al socaire de, cuando llueva, que el suelo tome actividad en un clima como el que tenemos en nuestra Andalucía bendita.

Ya para terminar este capítulo, solo que se sepa para el que no lo conozca que un hectómetro cúbico es como un dado que tiene cien metros de lado y que por ello contiene un millón de metros cúbicos.

Un metro cúbico es un dado con un metro de lado, el cual contiene mil litros. El cobro del agua debe ser meticuloso y justo y que genere fondos para mejorar las infraestructuras, un sistema de cobro por metro cúbico utilizado, sin duda genera una mejor gestión de esta.

En la comunidad autónoma andaluza la agricultura demanda 37.000 h^3/año.

El problema del agua en Andalucía es un tema terriblemente importante y el actual Gobierno andaluz, aunque lo tiene muy claro, no sé yo cómo se puede establecer una verdadera conciencia en el Gobierno Central para procurar paliar el gran problema del agua en Andalucía, que es demasiado escasa y vital para la agricultura, que es la base del asentamiento de la población en el medio rural y para mejorar de forma clara el futuro de los andaluces.

12. El olivo en Andalucía: ¿un futuro de pesadilla?

El olivar acaparó en Andalucía en 2019 un total de 1.652.489 hectáreas según la Encuesta sobre Superficies y Rendimientos de Cultivos en España (Esyrce), elaborada por el Ministerio de Agricultura, Pesca y Alimentación. Impresionante superficie. Increíble extensión es Andalucía, la región con más olivos del mundo, nuestro referente, nuestra identidad, y después de esta fecha, hay numerosas nuevas plantaciones.

En concreto, en la comunidad andaluza se concentra el 60,5 % de la superficie nacional destinada al olivar, que ronda las 2.733.620 hectáreas.

A modo de resumen, la distribución de olivar por comunidades autónomas se concentra sobre todo en el este, sur y suroeste peninsular.

De modo que, tras el liderazgo de Andalucía, en cuanto a este cultivo le siguen en importancia Castilla-La Mancha (15,9 %) y Extremadura (10,5 %). El resto de las comunidades autónomas suman el 13,1 % de la superficie nacional de olivar.

El 37,5 % de la superficie agrícola de Andalucía es olivar, es impactante el predominio de este cultivo. Atención, esta cifra es para reflexionar por su enorme importancia para la economía de nuestra comunidad andaluza, es asombrosa.

No hay más actividad rural en Andalucía que genere más desarrollo económico ni que fije más la población al territorio que el cultivo del olivar y sus industrias agroalimentarias derivadas.

El olivo es uno de los motores económicos más destacables de Andalucía y sobre todo del medio rural andaluz. Es decir, que si la situación de este fuera caótica, no quiero ni pensar qué ocurriría con la población rural y la economía andaluza. Estamos enormemente vinculados al olivo.

Las provincias con mayor proporción de olivar, respecto al total de su superficie, son Jaén y Córdoba con el 44 % y el 27 % respectivamente. No obstante, en Granada, Málaga y Sevilla más del 16 % de su superficie en cada provincia es olivar. La superficie de Jaén dedicada al olivo es tremenda, una barbaridad.

Pero, atención, hay que tener en cuenta que casi un millón de hectáreas no alcanzan los 3.000 kilos/hectárea de producción media y hay cientos de miles de hectáreas que se encuentran ubicadas en zonas en las que su orografía hace imposible la mecanización, factor limitante de la rentabilidad.

Cabe destacar que el olivar es el segundo cultivo con más superficie regada en España después de los cereales grano.

Según los datos de 2019 del Ministerio de Agricultura, el olivar de secano en Andalucía ocupa 1.016.339 hectáreas, mientras que el olivar de regadío es 636.150

hectáreas —es decir, como dato para retener mejor, el 60 % del olivar andaluz es de secano y el 40 % de regadío—.

El riego localizado permite obtener una alta eficiencia en la aplicación del agua. Podemos decir que la tendencia es total a que el olivar es de riego por goteo o riego localizado, como se le llama, porque no se riega toda la parcela, sino solamente la localizada en los puntos donde están los goteros.

Se ha instalado mucho riego por goteo en olivar; sin embargo, solo sirve para eso, para regar y no para aprovechar una importantísima ventaja que este sistema conlleva, como lo es la nutrición del árbol, hay muchos agricultores que siguen aplicando el abono sólido en las calles, lo cual es descabellado.

Ocurre que, como es un cultivo con historia de muchos siglos, en muchos aspectos hay demasiado ataduras con lo antiguo.

No solo eso, sino que no hay en el olivar en riego por goteo ningún control sobre el pH del agua y de la medida de la conductividad eléctrica de esta. En este campo hay que hacer todo, no se ha avanzado nada, es una asignatura pendiente y tremendamente importante. Y ocurre que, como nadie lo hace, pues no hay un tejido técnico y comercial debidamente preparado para ello. No hay la menor sensibilidad al control de estos dos parámetros, que son esenciales.

No ocurre esto en los cultivos en Almería, donde a nadie en riego por goteo se le ocurre no tener sistemas automáticos de control de la conductividad del agua y del pH.

Hay un grave problema: la formación universitaria del agricultor tradicional, pues no la hay y, por edad, el adaptarse a las tecnologías informáticas sale de su alcance; este cambio brusco y gigantesco va a traer como consecuencia el abandono de la actividad por muchos, en lo que concurren otros factores, por ejemplo, que cada vez se requiere más superficie para poder vivir del olivo, la vida va por este cauce.

En mi opinión muy personal, aunque el aprovechamiento del agua es enorme en el riego por goteo, estoy en el convencimiento de que todavía hay muy poco «sistema de riego por goteo enterrado», por decir una cifra, digo 3.000 hectáreas a título de referencia. Andalucía tiene un futuro espléndido por el ahorro, aún más, de agua que ello supone, que es ya el no va más, así como facilidad en su instalación y, aunque se le achaca que si hay atascos en los goteros no se puede solucionar, pues no se ven al ir enterrados; esto está controlado, ya hay tecnologías que hacen superar este problema, que da miedo ante lo desconocido. De momento no aumenta la superficie en riego enterrado o subterráneo. También se piensa que las raicillas puedan obstruir los goteros, se piensa y se piensa y vienen las reticencias, esto pasa con todo al principio. Hace no muchos años se pensaba que el olivar intensivo era una barbaridad y ya el superintensivo una monstruosidad sin sentido. Y ya vemos lo que está ocurriendo en la actualidad, que es todo lo opuesto.

Hay que investigar y estudiar y probar antes de descartar avances sin probar y descartarlo por «presentimiento», que es una manera ilógica de bloqueo. Sé que en esto muchos no están de acuerdo conmigo, me refiero al riego subterráneo, pero el que no se esté de acuerdo conmigo, no es óbice para que yo cambie, cuando tengo las ideas claras. Y significa ahorro sustancial de agua o mejor aprovechamiento de esta; con la misma agua, más producción.

Bueno, sigamos por otro lado. La Esyrce 2019 aborda la distribución del olivar según los estados de posibles cosechas, englobándolos en cinco categorías:

- Producción.
- Primer año.
- Joven.
- No comercial.
- Abandonado.

De ellas destaco:

28.464 hectáreas son olivos de primer año.

101.050 hectáreas se consideran olivar joven.

Son muy importantes estas dos cifras que suma el olivar de primer año y el olivar joven. que es de 130.000 hectáreas en números redondos, consecuencia de ello es que va a traer consigo un aumento de la producción de aceite a corto plazo, que estimo por mi parte nada más y nada menos que en 130.000 toneladas anuales a título orientativo, o más. Estos olivares son, de forma general, intensivos o superintensivos.

Como dato curioso del exquisito cuidado del agricultor olivarero y su gran atención de forma continua al mismo, hace que los nuevos métodos de conservación del suelo se están imponiendo poco a poco. Resalta el dato de que en Andalucía el 79,8 % de las plantaciones de olivar son cubierta vegetal espontáneo. Otro dato que dice mucho y bien del agricultor andaluz.

La mayoría de las plantaciones de olivar en Andalucía tienen más de ochenta árboles por hectárea y muchas, con menos, se van paulatinamente mejorando con renovaciones de plantas nuevas. El ritmo de renovación va en claro aumento.

En Andalucía, el estrato más numeroso es el que va de ciento cuarenta y uno a cuatrocientas plantas por hectárea.

La tendencia es a una disminución de costes, lo que implica lógicamente una mecanización total, buscando la mayor rentabilidad; ello está haciendo que las hectáreas de olivar superintensivo crezca a ritmo muy grande.

Por olivar tradicional hemos de entender el que, por su orografía, es decir, por lo quebrado del terreno, la mecanización es mínima, los demás olivares, los que no se hayan actualizado a olivares modernos mecanizables, deben hacerlo lo antes posible, no cabe otra alternativa.

El coste de un kilo de aceituna de olivar de secano en cultivo no mecanizable es un 35 % más alto que el mecanizable. Cifra para reflexionar e ir sacando conclusiones.

El olivar en seto o superintensivo puede tener un costo de la mitad de la aceituna del olivar de secano mecanizable.

¿Es posible convivir en un mercado los productores con estas diferencias de costo?, me pregunto. Me gustaría que ustedes me contestaran...

Yo creo que se darán paños calientes unos años para evitar la muerte súbita con los de costos altos, pero se les ve a los de alto costo un futuro bastante negro, ocurre siempre en todas las cosas.

En toda actividad se busca por lo general la mayor rentabilidad que la tecnología le permite, y cada empresario agricultor debe ver cómo disminuir los costos. En un mundo como el actual, la tierra la cultivan las máquinas y el agricultor se ha reconvertido en empresario. Un empresario que tiene una fábrica que es la agricultura, que en definitiva es un medio de producción, cada día el sector primario y el secundario se acercan más en sus sistemas, es decir, la agricultura y la industria. Esto es así, sin duda, se vislumbraba hace años, pero como tema un tanto utópico o muy lejano, cuando yo era joven; hoy es una realidad en muchos casos y en otros un proceso galopante hacia ello.

El olivar superintensivo alcanza producciones muy altas por hectárea, con altísimo número de árboles-seto, y el aumento de la producción de aceite originará un problema grave a la hora de la venta de aceite y de su rentabilidad, por superar la oferta ampliamente a la demanda.

Ahora con la sequía y la falta de cosecha, los que tengan olivar superintensivo y no les haya faltado agua les ha tocado la lotería.

Con competencia en los aceites, el superintensivo será el primero en tener una rentabilidad aceptable, por menores costes por kilo producido.

Cuando haya un exceso de oferta, que la habrá no muy tarde, podrá sobrevivir el de menor costo y para otros muchos agricultores de mayores costos productivos será la ruina. Así de claro. El olivar de sierra con mucha inclinación del suelo y no mecanizable, como no sea con subvenciones, tendrá que desaparecer, y que muchos pueblos no queden desiertos.

Con el olivar intensivo y superintensivo se han roto los equilibrios de costo, lo vamos a ver muy pronto.

El olivar superintensivo es el preferido en las plantaciones modernas por el alto grado de mecanización del cultivo y menor costo por kilo de aceite, a pesar de que la inversión para realizar la plantación es mucho más importante. De que es el más interesante ya nadie duda, ni cuestiona, cosa que no ocurría en absoluto hace varios años.

Se considera olivar superintensivo aquel que supera los 1.000 árboles por hectárea. Los marcos más utilizados son los 3,5 x 1,35 metros y 4 x 1,5 metros; en fin, se alcanzan hasta 3.000 árboles por hectárea.

La mecanización de la recolección es, en definitiva, una adaptación o variante a la maquinaria de recolección de la uva, es decir, la vendimia.

Aparte de ello, de forma sorprendente está emergiendo el olivar superintensivo de secano, siempre se pensaba que era solo posible en riego y que puede producir en torno a los 6.000 kg/hectárea de aceituna, mientras que si es de regadío puede superar los 12.000 kg/hectárea, siempre que se dispongan de recursos de agua suficientes en la zona.

Este movimiento para plantar olivar superintensivo en secano es muy reciente; hace muy poco esto se pensaba que era una barbaridad y hace unos pocos más de años aún también se pensaba del superintensivo en riego.

La importancia que está tomando el superintensivo en secano es en Jerez de la Frontera, en tierras «albarizas», que se llaman así por su color un tanto albino, tierras claras o casi blancas, el color se lo da el alto contenido en caliza. Estos terrenos son frescos, retienen bien el agua en comparación con otros y son apropiados para la viña y el olivar, si pudieran tener algo de agua, su producción aumentaría de forma espectacular, obviamente.

La cosecha de aceitunas en Andalucía 2022-2023 fue una cosecha fatal y este 2023-2024 más de lo mismo, por la falta de agua.

Ya sabemos la ley de la oferta y la demanda por la que funcionan los mercados con cualquier producto; si no hay aceite y hay demanda los precios suben, si hay mucho aceite y la demanda no es alta, los precios bajan. Elemental, pero básico, deducción sencilla e incuestionable. Por ello, quizá los precios seguirán subiendo más avanzados los meses del calendario, alejándose de la cosecha y al haber mínimo *stock* de la campaña anterior, como quizá no haya ocurrido nunca: estamos importando aceite.

Pues ha llovido esta Semana Santa agraciadamente y bien, con lo que una parte del problema del agua se ha resuelto —hoy es 10/04/2024—, pero puede ocurrir lo que en todos los sectores, es decir, «la locura bajista», me refiero a que como con el agua caída ya se estima que la próxima cosecha puede ser amplia o normal, entonces los precios de ahora pueden bajar, aun sin sentido, porque no hay apenas *stock*. El problema será cuando haya *stock*, pero se inicia un proceso de disminuir existencias, para que cuando la nueva campaña llegue, si bajan los precios no nos pille con existencias caras y sea causa de ruina o pérdidas muy importantes que nos desequilibren, es mejor si tenemos existencias bajarlas un poco, aunque se resienta el bolsillo, para que en el enlace con nueva campaña no tengamos una debacle. Es lo habitual en los mercados. Ocurre también que, cuando se otean subidas claras, se inicie una «locura alcista», hay que indicar que las «bajistas» son causa, por lo general en todos los sectores, de ruinas de empresa en muchos casos, y las alcistas alivian a las empresas de rémoras antiguas y le sirven para invertir en mejoras.

Sin embargo, como no hay *stock* de aceite de oliva, o es mínimo, quizá no se produzca bajada ante la nueva cosecha por ello, para reponer stock y ver qué pasa en el futuro.

Para el agricultor olivarero de secano esta situación es trágica, los precios altos de poco le sirven si no tienen apenas producción, salvo excepciones, que en todos lados las hay.

Sin agua, el olivo no puede producir, si no dispone de una lluvia medio normal en su desarrollo vegetativo, el aumento del riego por goteo es fundamental para alcanzar mejores producciones.

Recomiendo el libro completo, es decir, no imaginar ni deducir lo que no hayáis leído.

No hay inversiones en Andalucía o meramente testimoniales para infraestructuras del agua en esta Andalucía sedienta y africana, y son básicas.

Sobre los precios del aceite, me comenta mi buen amigo Antonio Jiménez Pinzón, olivarero ejemplar, ante los injustos comentarios: «No hay especulación porque en las bodegas no hay aceite —indica el mismo—; un litro de aceite de oliva virgen extra a una familia normal puede durarle una semana, por lo que el precio desorbitado puede ser de sesenta euros al mes y es un producto básico para la salud y la alimentación. Con las bajas producciones, las reservas económicas de los agricultores se han consumido, y por lo general se encuentran con graves problemas económicos, mientras ven, oyen y leen como si se estuviesen llenando los bolsillos, cuando están bastante mal, hay una mala información realmente escandalosa».

Y se hacen chistes continuamente: en prensa, redes sociales, televisión, etc., como si se estuviese aprovechando el agricultor. El cual lo sufre en consecuencia doblemente, por este motivo.

Es Andalucía la región de España y del mundo que más aceite de oliva produce y, por tanto, la que más sufre y con mucho esta situación; la debacle ha venido y hace estragos en los agricultores, y a los que directamente están vinculados a ellos como proveedores de maquinaria, fertilizantes, etc., cuyas ventas han caído en vertical; hay mucha menos contratación de personal, por supuesto. En fin, una hecatombe.

El mercado no sabe bien lo que ocurre y piensa libremente cosas peregrinas opuestas y sin fundamento, guiados por redes sociales, donde se opina sin base alguna, por lo general.

Esto tiene sus excepciones, como todo, a la empresa privada que tenga *stock* en época de subidas le toca la lotería, pero atención cuando baje el precio, los que habitualmente tienen *stock*, tendrán unas pérdidas económicas superiores a las que haya tenido de ganancias con la subida. Ocurre en todos los productos, tengo experiencia en este campo, lamentablemente no en el aceite pero sí en otros productos.

Hay un problema de fondo, en el que pienso bastante, no por mi experiencia en el aceite, pero sí por los mercados en general.

Está claro que, con la subida de precio, las familias han tomado medidas para consumir el mínimo posible. Pero atención, esto no es en España, la subida es a nivel internacional, el precio se ha elevado mucho en todos los países y la tendencia a no consumir, sustituyendo por otros aceites o grasas ha aumentado a nivel mundial, es decir, el mercado internacional no ha subido, ha bajado.

Leo continuamente que los consumidores de aceite son fieles y que el consumo no bajará; pero pienso que no es así, la fidelidad en estos temas no existe, con los precios altos el volumen baja, y cuando los precios bajan, como ya el mercado se ha habituado a un consumo más bajo, pues no vuelve a subir el consumo, se ha cambiado de hábito sencillamente. Atención a este dato, no lo he vivido con el aceite, pero sí en otros productos, como los fertilizantes, concretamente.

Como además hay muy poco aceite, pues evidentemente las exportaciones han tenido que bajar y conduce a no preocuparnos del mercado exterior: ¿para qué si no tenemos producto?

Se están creando hábitos de consumir menos. Yo no pensaba que el aceite en *spray* como si fuese un perfume fuera a tener mercado; pues bien, me equivoqué, como las freidoras sin aceite, donde para freír patatas, por ejemplo, pues se le da un par de pulsaciones rápidas con el aceite *spray* y listo.

Las freidoras sin aceite están alcanzando cuotas de venta insospechadas, siendo su venta por el sistema tradicional de difusión «boca a oreja». Yo he sido enemigo de las freidoras sin aceite, pero reitero mi equivocación. Son más limpias y no sé cuántas otras ventajas tienen; se me dice que también son más rápidas. Hay muchas cocinas que la freidora sin aceite la tienen como electrodoméstico de referencia, pues además de freír hacen otras muchas cosas.

Cuando un mercado se contrae, después se expande, pero poquísimo, no pensemos que volvemos al de antes, se ha generado un cambio. Esto es un problema grave para el futuro del aceite.

Así que atención cuando venga la normalidad, que espero venga pronto y haya no ya el doble, sino más de producción de aceite, pues supongo que el primer año, ante un volumen que supere la demanda, se almacenará en los tanques vacíos, que ahora son todos.

Pero miren, el tema no acaba aquí, y lo digo porque lo siento, pero estoy convencido de que dentro de cinco o seis años, es inevitable que alcancemos la producción española a dos millones de toneladas. ¿Qué va a ocurrir con tanto aceite? Díganmelo, está claro que hay que hacer un enorme esfuerzo en la exportación.

Pero me llevo las manos a la cabeza, leo hoy por ejemplo —31/05/2024— cómo Túnez va a aumentar su superficie de olivar en un 50 % y que sus principales clientes son España e Italia; entre los dos suponen el 70 % de sus exportaciones. Y ello es motivado por la fuerte demanda que tienen y sus buenos precios actuales. Con precios altos todo el mundo a plantar olivar.

El mercado con los precios elevados se ha destruido y además no se ha atendido debidamente, y los mercados, cuando se pierden, el recuperarlos es difícil.

Es que no puede estar el suministro de aceite tan liga-do a la lluvia en Andalucía, es necesario para ello que el olivar sea de riego y haya una producción estable y no con dientes de sierra, ahora hay mucho y el año que viene no tenemos. Vamos a ver, agua hay para regar mucho más, tres veces más, ahora bien, hay que tener la infraestructura adecuada, como la tienen California e Israel. Y adaptar la infraestructura a la nueva situación.

Se han vendido en dos campañas un volumen de un millón y medio de toneladas/año en total, entre mercado interior y exportación, y ahora hemos tenido dos cam-pañas con menos de la mitad de producto, este golpe lo vamos a notar fuertemente.

En las etiquetas de aceite hay que poner dónde ha sido producido el mismo, el país. Así por lo menos sa-bemos lo que compramos, cosa que generalmente no ocurre ahora.

El tema de Túnez es un botón de muestra.

Vamos a tener que enseñar al mundo a desayunar molletes con aceite. Y esto no es fácil.

Ojalá me equivoque, pues como dicen algunos, todo tiene arreglo menos la muerte. Pero creo que hemos de ponernos en esta situación, más vale prevenir que curar. En definitiva, el porvenir es de quien sabe anticiparse.

La única solución, no hay otra, es la exportación, tener una poderosa estructura comercial en el mundo e ir a los mercados, evidentemente a los que tengan una economía saludable, en otros países en vías de desarrollo se venderá algo, eso sí, pero casi nada, aunque no hay que olvidarlos, por si acaso.

Pero la expansión en un mercado internacional no se hace de la noche a la mañana, necesita años de esfuerzo y tiempo y muchas veces lo que se consigue es una frustración. Cada país está acostumbrado a un tipo de grasas y los cambios de costumbres son muy aleatorios.

Las grandes organizaciones de venta de aceite, ya sean grandes cooperativas o empresas privadas especializadas, deben moverse activamente en este campo de preparar mercados. Pero muy a fondo, a tope. Deben moverse, les vaya bien o mal, pero es la única alternativa que les queda para el futuro. Invertir fuertemente en ello.

Y usar también otras empresas que venden en el exterior otros productos, para que vendan también aceite.

Y que las Delegaciones Internacionales de algunas autonomías que las tienen se dediquen a la promoción activa del producto, y no a temas sin rentabilidad. La comunidad andaluza tiene algunas oficinas en el extranjero, por ejemplo, y ya en Cataluña ni te hablo.

Y por supuesto nuestras embajadas, que en buena parte se dediquen a vender aceite.

Hacer una «tormenta de ideas» (*brainstorming*) a ver si se nos ocurre algo de interés.

Diría movilizar los recursos con tiempo, para preparar una superproducción, que vendrá, si Dios quiere, muy pronto.

En las presentaciones de producto envasado y por supuesto en las calidades, ha dado España un asombroso avance en los últimos años del que debemos congratularnos.

En las marcas estimo que estamos en una época de transición a nuevos estilos.

Vamos a ver, en los vinos hay cientos de marcas, aparecen y nos sorprenden positivamente, pero después no volvemos a saber nunca más de ellas, por lo general. Aparte de esta multitud de marcas, hay un top de marcas grandes, muy conocidas, que son las de referencia y que suponen un alto porcentaje del mercado.

Pero modernamente con las «marcas de distribuidor», es decir, marcas de grandes cadenas que adquieren el producto con la marca de la gran cadena, están tomando mucho auge en el mercado, quizá es que, como el cliente, en muchos casos, suele ser cliente habitual de un determinado espacio, y en el mismo se encuentra las marcas de distribuidor, pues adquiere las mismas, que siempre están preparadas con algún atractivo de diferente tipo.

Esto es lo que lleva a que grandes marcas, que habían integrado en la misma otras marcas por adquisición de empresas, hace que marcas que habían suprimido las pongan de nuevo en circulación, al estar de moda, lo que denominamos «marcas de proximidad», porque el comprador está evolucionando a la adquisición de productos que, entiende, se producen en la cercanía a su residencia, de esta forma aparecen de nuevo con pujanza y publicidad marcas desaparecidas, lo que conlleva a que los fabricantes tengan que olvidar el modelo de menos marcas y más volumen de las que venden, por una filosofía distinta, que es que el fabricante produce marcas diferentes, lo que es una complicación en la fabricación, en el envasado o en la logística, pero que hacen captar mercados que solo con una marca importante no lo pueden hacer. Esta complicación para el fabricante se ve menguada con los avances y automatizaciones en las fabricaciones y envasados. Los mercados son muy diversos y variopintos y de esta forma se procura ganarlos.

Así, por ejemplo, cooperativas de no muy gran tamaño, venden su marca, buscando un nicho de mercado para la misma y un sistema de venta, tal como *online* y la parte productiva que no consiguen vender así, la sitúan o entregan a las cooperativas de segundo grado, para que ellas se encarguen de la comercialización, habitualmente a granel, aunque se tiende claramente como objetivo a la venta en envasado.

La identificación de las calidades conviene mejorarla. El aceite de oliva virgen es el único aceite que no ha pasado por una refinería, todos los demás aceites de oliva son o no refinados o mezclas de refinados con aceite de oliva virgen. Evidentemente todos los aceites de semillas son refinados.

Al refinarlo pierden las sustancias naturales, a excepción del aceite.

Por ello, el aceite de oliva virgen lleva una serie de compuestos naturales muy beneficiosos, por lo que en la práctica es como una medicina preventiva.

El aceite puro de oliva, de recolección temprana —esto tendrá que ser tema de marcas—, la denominación «Premium» podría ser el distintivo de la máxima calidad de la marca. Tuve ocasión de probar aceite virgen de oliva, de aceitunas verdes sin madurar, era una sensación algo celestial, otro mundo; mucho más caro, evidentemente, por el poco rendimiento, pero de una sinfonía de sabores mágica. De esta faceta deduzco que saldrán marcas *gourmet* que tendrán mercados muy selectivos. Fue en el sur de la provincia de Jaén, era poca cantidad la que tenían, más bien para regalo. Cuando lo probé, me dije: «¡Madre mía, esto tiene futuro, caro, pero futuro!».

En definitiva, el mundo del olivar y del aceite tiene muchos interrogantes e incertidumbres, llena de inquietudes y peligros a la vez que de esperanzas.

Vamos a ver qué ocurre, ya que mientras más años tenga un olivar, más poderosas son las razones que justifican su renovación.

La única alternativa es que el olivar antiguo y no rentable sobreviva un tiempo a base de subvenciones, porque no queda otra forma, y esta fórmula es incierta, cambiante y no resuelve la situación.

Hay otros peligros con referencia a un porvenir incierto lleno de incógnitas. Entre ellas, enfermedades como la causada por la *Xilella fastidiosa,* mientras más masa de monocultivo, más peligro de que una enfermedad o plaga cause estragos, pues ya las plagas y enfermedades se han globalizado. Ojalá todo vaya bien y no haya un desastre, como ocurrió en los últimos años del siglo XIX con el viñedo y la filoxera que arrasó los cultivos de España.

Vamos a dedicarnos a vender nuestro aceite en el mundo. Tenemos un gran campo para ello, que es el mundo entero, y vamos a ver cómo utilizar en todo lo posible los recursos del agua para aumentar la superficie en riego por goteo y no tener cultivos en terrenos desérticos, por consiguiente. Pero claro, es un reto abierto inconmensurable.

13. El posible agricultor del futuro

Las cooperativas se diferencian cada vez menos de las sociedades anónimas. Esto parece una incongruencia, pero es una realidad. Porque, en definitiva, las cooperativas son sociedades en las que cada persona es una acción y en las anónimas y limitadas cada euro por simplificar es una acción. Todo lo demás es igual, otra cosa es que tanto en una como en otra pueda dominar la política; es mala cosa eso, la política en una empresa distorsiona los objetivos empresariales, por política se entiende un término amplio, que incluye políticas familiares, políticas de grupos de empleados, etc. Los criterios de desarrollo empresarial deben ser independientes.

Desde luego, todas las empresas deben buscar un indispensable crecimiento, que les permita una mayor estabilidad y actuación en los mercados, a la vez que tener capacidad para invertir en desarrollos y mejoras.

La empresa que no tenga previsto crecer, apañados van; es como la natación, quien no avanza se hunde, se ahoga.

Las cooperativas que funcionan bien lo hacen como una sociedad anónima, me dijo un directivo de una importante cooperativa, funcionan como tales trescientos sesenta y cuatro días al año y uno diferente que es el día de la Asamblea General.

Y en la sociedad anónima lo mismo, pero ese día es el de la Junta General de Accionistas.

Las dos entidades con nombres de reuniones diferentes para lo mismo: examinar los resultados del año anterior y tomar decisiones estratégicas.

Las cooperativas que funcionan mal son las que se parecen a la junta de vecinos de un bloque, y cuando los directivos no tienen la formación o el tiempo necesario para el cargo, o quieren el mismo como motivo de distinción y jerarquía en el pueblo, lo cual es una incongruencia muy habitual por el tema de destacar —bueno, también por la remuneración que puedan tener de la cooperativa o alguna ventaja social por estar en la misma—.

Esto impide por lo general que las cooperativas de un pueblo y la de los pueblos cercanos se fusionen en una más fuerte que crezca y que contrate a un gerente externo que la gestione, bajo el manto de la Junta Directiva.

Estos factores del independentismo cooperativo hacen igualmente complicado el integrarse en cooperativas de segundo grado, porque en las mismas, desde luego, los presidentes de las cooperativas que la integran pierden poder, como es por ejemplo la venta del producto, compras y diversas actividades.

Se va claramente al gigantismo lo mismo que en la industria, procurando copiar lo que ocurre en Francia, Alemania, Holanda, etc.; hay cooperativas en Europa que son multinacionales, están en varios países como tales. No solamente vendiendo —en este caso no son multinacionales—, sino teniendo sociedades en otros países. Dcoop, es hoy ya una multinacional, con su presencia en participaciones industriales en empresas en Estados Unidos, por ejemplo.

La Ley 13/2013 de 2 agosto, de Fomento de la Integración de Cooperativas y de otras entidades asociativas de carácter agroalimentario es un punto de inflexión importante en este camino y muy acertado, porque a las integraciones se les dan unas ventajas que de otra forma no tienen y ello ayuda a la integración.

En la Ley se establecen las EAP (Entidades Asociativas de Prioritarias), las cuales han de reunir una serie de requisitos, como es tener un ámbito de actuación supraautonómico, contar con un volumen mínimo de facturación que se basa en su actividad, pero que es alto en general, realizar comercialización conjunta de la producción, etc.

Este reconocimiento oficial confiere diversos beneficios y ventajas a estas entidades, lo que les resulta muy importante y fomenta las asociaciones de cooperativas, que es, y con mucha lógica, lo que se busca, visto lo que ocurre en países de economía desarrollada. Y la fragmentación las hace muy vulnerables, como vemos en nuestro pasado no tan lejano.

Ejemplo de ello tenemos nuestra muy cercana DCOOP, con facturación por encima de los 1.400 millones de euros anuales.

Hay que poner los intereses de las Empresas por encima de los personales, esto es lo ejemplar y hay mucho, pero, por desgracia, solo es un porcentaje de la globalidad, lo de poner los intereses de la empresa por encima de los personales es la forma de que la misma alcance potencia, prestigio e importancia, entonces, sus directivos verán que lo hicieron muy bien. Si pones los intereses personales por encima de la empresa, pues apañada va la empresa. Esto ocurre en cooperativas y en cualquier tipo de sociedad en general.

Las fusiones son sacrificios de cargos y puestos; al fusionarse entidades, cualquier tipo de empresa, cooperativa o privada es complicado. Creo que la solución a esto es indemnizar económicamente en los casos que se pueda a los puestos excedentes directivos. Casi todo se arregla con dinero y es mejor eso que no dejar de arreglarlo. Las fusiones traen otro problema que es que necesitan menos personal y hay que ver la forma de solucionarlo haciendo el menor daño social posible.

Las grandes empresas agrícolas están en Murcia, compran o arriendan tierras y se especializan en producciones determinadas tales como lechugas, melones etc., esto al principio, después en su espíritu de crecimiento se van diversificando en otros cultivos. Yo las admiro. Cuando he estado en algunas de las mismas en Murcia y veo su poder y su organización con magníficas instalaciones, y cuando veo sus *stands* en la Fruit Atraction en Madrid, una feria que hay que ver para aprender hacia donde vamos, donde concurren muchos compradores extranjeros para ver qué tenemos, y españoles también para lo mismo, igual que muchos del sector agrícola para saber dónde estamos. Una feria relativamente moderna, de gran eco. Lleva pocos años, es impresionante, creo que es la Feria Agrícola que más está creciendo en toda Europa.

Las Ferias de París —SIA y FIMA—, que se celebran simultáneamente, son enormes: una de productos agrícolas y otra de maquinaria agrícola, donde he estado no menos de nueve o diez veces, y concurren visitantes de todo el mundo, entre ellos muchísimos de la generalidad de países que componen el continente africano.

Las grandes empresas agrícolas tienen fincas en los casos precisos en diferentes zonas para tener una producción escalonada en el tiempo y preparan, elaboran y comercializan el producto con marca.

Así, a título referencial, veinte empresas agrícolas en Murcia pueden suponer mediante esta fórmula un 30 % de la superficie agrícola de la provincia, porcentaje que reseño a título de apreciación personal, para mí son modélicas, reitero, y es bueno seguir su ejemplo y seguramente es un dato sorpresivo para el lector.

Y atención: no solo se limitan al cultivo, sino que preparan y envasan los productos agrícolas y, en algunos casos, los presentan con variantes diversas de preparación, venden «marca» con calidad. Algunas de las empresas son españolas, otras, multinacionales y tienen por supuesto su organización europea de ventas.

Las cooperativas hacen igualmente esta función y su venta de productos. En Almería concretamente a título orientativo se me indica que la comercialización de productos de Almería, un 70 % estimado, se hace por cooperativas, que compilan las producciones de muchos agricultores y un 30 % lo venden o comercializan empresas privadas o bien de producciones propias o también de compras a agricultores o un *mix*. Se va claramente no a la venta al pie de finca, sino llegar a los mercados de manera lógica. Aunque de todo haya, evidentemente, no hay fórmula que excluya a las demás, pero sí hay fórmulas preponderantes, de alto porcentaje de mercado.

Hoy es 17/04/2024, hace unos días hablé con Carlos Esquete, compañero en Herogra y de una gran trayectoria profesional de grandes conocimientos ponderados y objetivos y que me fue muy interesante, no sé dónde llegará profesionalmente, pero es realista, práctico y brillante.

Hoy tenido una larga conversación con otra persona con la que tengo una amistad muy antigua, Salvador Muñoz Álvarez, antequerano que vive en Jaén, allí de donde es su señora, amigo desde hace muchos años, conocedor enorme del olivar en dicha provincia y conversación igualmente muy interesante sobre algunos de los temas de este libro. Hemos hablado de lo mal que lo está pasando el olivarero de Jaén, de comarcas de siempre de secano, que llevan tres años sin cosecha, pero tres años con los gastos propios del cultivo, una situación terrible de zozobra económica difícil de describir, el viento de Levante, que allí le llaman «el solano», como corra fuerte cuando el olivo está en flor, tira la misma y no hay producción, terrible situación cuando tienes todas tus esperanzas en la cosecha.

Salvador conoce bien el tema, pues también tiene olivos. ¿Cómo se subsiste? Es la pregunta. El agricultor de Jaén desde luego está muy acostumbrado a sufrir, pero la situación es un tanto muy preocupante, de familias que no tienen para tirar hacia adelante.

Me acuerdo muy a menudo de la Reforma Agraria en Andalucía. Esto ya cuando la misma se inició y se aprobó, yo me decía: «¡Cómo es posible semejante barbaridad!».

Esto lo tengo grabado en mi mente y no creo que se me olvide nunca, fue de las cosas que te impactan y te hacen llevar las manos a la cabeza.

En Andalucía, mientras aquí se hablaba de parcelar, con la Reforma Agraria se hablaba de que la finca del «señorito latifundista» fuese dividida para que la cultivasen los sin tierra. Esto se presentó a bombo y platillo como gran conquista para el mejor futuro de Andalucía, se presentó en Carmona por el Sr. Escuredo, presidente entonces de la Junta de Andalucía.

En un curso de la Universidad Menéndez Pelayo al que asistí hablaban ponentes de otros países, y la reforma agraria en los mismos, en Francia, por ejemplo, era ayudar al agricultor para que comprase la parcela del vecino y buscar unidades operativas más grandes y viables, esto se me quedó grabado, es la lógica, no la barbaridad que pensábamos hacer aquí. Y que se hizo en porcentaje irrelevante y menos mal que se suprimió. No tiene sentido parcelar, hay que evitar la parcelación y buscar unidades viables; en definitiva, parcelar para que no viva nadie no tiene sentido, y las explotaciones agrícolas cada vez más mecanizadas, necesitan espacio, necesitan superficie para tener una rentabilidad.

Andábamos al contrario, es decir, en el sentido de hacer explotaciones no rentables.

Hay que buscar la rentabilidad del agricultor, si su negocio no es rentable, pues dejará de ser agricultor. Si no puede vivir del mismo, obviamente. No es que no quiera seguir, es que no puede.

De una parcela pequeña de las que se hacían hace años por parte del Instituto Nacional de Colonización con la entrega de una parcela, casa en pueblo nuevo y una vaca, evidentemente no se puede vivir hoy ni lejanamente. Han tenido que irse y procurar venderla a algún vecino.

Antes se podía «vivir» con doce hectáreas de olivar de secano, por ejemplo; hoy esto no es posible, todo esto es muy relativo, pero hoy para vivir una familia necesita un mínimo de veinticinco hectáreas de olivar de secano —y en caso de regadío, al menos la mitad—. La tendencia es clara, cada vez más superficie para ser una explotación viable. Pero este ejemplo, dentro de unos años, la superficie indicada será totalmente insuficiente.

Consecuencia de este movimiento, los hijos de los pequeños agricultores obviamente tienen que buscar trabajo donde sea. La población que puede vivir del campo del olivar en Andalucía es cada vez menor, esto conlleva evidentemente a un despoblamiento de los bonitos núcleos de población.

Todo un verdadero y lamentable problema. Probablemente irreversible, al menos no se ven soluciones un tanto generales y es en cada localidad donde deben ver «qué inventan» para que la población aumente o al menos siga como está, creo yo que estos temas no los puede resolver la Administración del Estado, sino el ingenio privado, eso sí, con apoyo del gobierno en planes claros y coherentes.

No tiene nada que ver una hectárea de invernadero en Almería, con una hectárea de cereal de secano en Huéscar (Granada); no hago números comparativos, la primera produce no sé cuántas veces a lo de la segunda, no pocas. No entro en comparaciones para no estar en polémica ante temas realmente no comparables. Pero ya en Almería, donde los invernaderos suelen ser de 10.000 m^{2,} es difícil ver propietarios con un solo invernadero, lo normal es que al menos tengan tres o cuatro, simplemente para poder vivir de forma normal.

En los Países Bajos —nuevo nombre a la antes Holanda— los invernaderos funcionan en alta medida con gas natural, lo cual tiene un alto costo y además están contaminando con CO_2 a la atmósfera y así en muchos países; nosotros en Andalucía, tenemos una ventaja soberbia.

Aparte de lo indicado, comento que, como sabemos, en las granjas de engorde de pollos tienen luz de noche: los pollos piensan que es de día, los días les son mucho más largos con esta luz artificial, comen más, engordan antes y consiguen su peso en poco más de un mes, y a comer pollo todos —por cierto, un buen amigo de Jerez de la Frontera no comía pollo nunca, y un día le dije: «Benito, ¿por qué no comes pollo? Y me contestó: «Porque como creo que toman reguladores de crecimiento, que antes se le llamaba hormonas, me pueden crecen las tetas—. Siempre que me acuerdo, sonrío...

En los invernaderos holandeses tienen placas solares y de noche iluminan los invernaderos, así los vegetales creen que es de día y siguen creciendo. Con toda esta tecnología la humanidad no va a pasar hambre, pero un producto hortícola de Almería tiene mucha más calidad que uno del norte de Europa, iluminación y calor natural como la vida misma y menor costo al no tener que calentar el invernadero y taparlo con placas solares.

Bueno, retomo el tema, los pueblos se van despoblando por lo dicho con anterioridad, si no tienen industria, ni turismo, y la agricultura cada vez más automatizada y buscando lógicamente bajar costos de producción, pues menos mano de obra, y más despoblación.

Lo tienen muy difícil los pueblos de nuestra Andalucía y hemos de colaborar todos, cada uno de los ciudadanos, en que sigan. Hace falta mucho ingenio para buscar actividades alternativas de negocio y visitar las mismas, los fines de semana son buenos para todos.

Por haber mejorado mucho las comunicaciones, permiten desplazamientos rápidos desde puntos de trabajo más lejanos, y son lugares en muchos casos apropiados para vivir de forma permanente.

Continuemos. En España el 89 % del empresariado en general es empresa familiar y genera el 57 % del PIB y el 67 % del empleo. Enormes cifras.

Pero conviene distinguir entre «empresa familiar» y «familia empresarial». Parece un juego de palabras, pero son conceptos distintos.

Se tiende a la familia empresarial, en la cual el CEO —es decir, el que manda, pero con las iniciales de CEO, que todo el mundo las comenta y que no se entienden porque son del inglés; el Director General, en definitiva— puede no ser de la familia, y otros directivos de menor nivel son de la propia familia propietaria, tema difícil de asumir que, siendo propietario en parte, tu jefe, sin ser propietario, te ordene lo que tienes que hacer. Se necesita una buena preparación para desligar la persona, por un lado accionista, y por otro empleado.

No siempre es así, pues hay también buenos gerentes en las familias y el puesto de mandamás de uno fuera de la familia es difícil para el mismo y, por tanto, inestable, a no ser que la familia, es decir, los accionistas, formen un número amplio.

Pero por lo general, las empresas crecen, las que son capaces de organizarse; las otras, a cerrar o vender.

Las plantillas deben tener espíritu familiar, el cual deben tener todas las plantillas de cualquier empresa, pero en las familiares es más sencillo por causas obvias. En la empresa debe haber sentimientos de familia y cultura de empresa, en España tenemos grandes familias empresariales, me refiero por ejemplo a Inditex, Mercadona, Ferrovial, Acciona, etc. Hay que apoyarlas y colaborar y no procurar defenestrar a los que han tenido el mérito de hacerlas, con lo bueno que es para el empleo y para la economía del país. En fin, lo que nos ocurre queriendo atacar muchos a las mismas es una solemne barbaridad, que a lo mejor provoca que se cansen, se desinflen o se vayan de esta España nuestra, a un sitio que las quieran.

Cuando veo comentarios de políticos en televisión atacando a las empresas, me pregunto: ¡Pero ¡cómo es posible, esta barbaridad! Me comentan que, en las empresas japonesas, al iniciar el trabajo por la mañana, es habitual cánticos, entre los cuales, se pide por la salud de los dueños. Me fascina ello.

En las cooperativas pasa lo mismo: mucha unión entre los socios y cultura de empresa.

En definitiva, la empresa está siempre en primer lugar, o debe estar, ante la economía de mercado en la que vivimos. El otro tipo de mercado es cuando todo es del Estado, cuando lo público ocupa mucho o demasiado, que termina o empieza ya de entrada no funcionando correctamente, como es normal, ante tanta complejidad.

Cuando todo es del Estado, es decir, comunismo puro, ya vemos en Rusia lo que ha pasado. Ahora el comunismo ruso es, en definitiva, de grandes oligarcas, que se han aprovechado quedándose con los bienes del Estado, con lo cual, primero los grandes oligarcas, enormes magnates, y después pues todos a obedecer. Comunismo sí, pero no para todos.

Es un tema complejo el de este capítulo, la formación del empresario-agricultor, está evolucionando a mejor de forma rápida.

El agricultor tradicional está arraigado más a la tierra, le es difícil arrancar olivos, por ejemplo, para ponerlos en un marco más moderno y rentable; de alguna forma le está agradecido a los olivos, los quiere, habla con ellos, los siente, pero claro, llega la nueva generación de jóvenes y esto no les vale y cambian con más rapidez, es lógico.

Cuando hice la carrera de perito agrícola en Sevilla, terminé en 1965; era el único sitio en Andalucía donde se podía hacer y además había un problema, era un año de Selectivo y tres de carrera, además del Bachiller superior. El problema grave es que en la carrera solo podía haber un total de cuarenta y cinco alumnos por curso, esos eran los peritos agrícolas que salían en Andalucía todos los años, la razón era sencilla: la Escuela Técnica de Peritos Agrícolas de Sevilla, en el Cortijo El Cuarto (Bellavista), financiado por la Diputación, pero con titulación del Ministerio de Agricultura, solo había instalaciones y medios y profesores para este número de alumnos, así que el Selectivo era demencial; cuando yo lo hice había casi trecientos alumnos y todos debíamos pasar a primero de carrera, esos eran los cuarenta y cinco indicados. Y la carrera era muy intensa. Ahora no es ni remotamente parecido.

Esto era terrible, hoy día el tema ha cambiado; ya se estudia en Sevilla, pero no en El Cortijo el Cuarto, no hay curso del demencial Selectivo y, que sepa, no hay *numerus clausus*. Apenas terminé, nos cambiaron el nombre a Ingenieros Técnicos Agrícolas, pero yo sigo con el original de Perito, me gusta más, tiene más historia, es lo que sudé. Como no podían quitar el primero, pues tengo los dos.

También se estudia ahora en Córdoba, Almería y Huelva, además de Ingenieros Agrónomos en Córdoba.

Ahora todo ha cambiado para unificar los estudios a nivel Europa, ya no hay estudios para el futuro de Ingeniero Agrónomo, ni de Ingeniero Técnico Agrícola, y son cuatro años saliendo con Graduado en Ingeniería Agrícola, así que los Peritos Agrícolas éramos una raza en extinción a corto plazo, y ahora la de Ingenieros Técnicos Agrícolas es de extinción a más largo plazo, con la de Ingeniero Agrónomo. Y por lo que veo, me parece que en los estudios se pisa poco el campo, cosa que no ocurría en la Escuela de Peritos comentada, pero no sé, quizá sea por mi parte la añoranza del pasado.

Me gustaría morirme como «el último perito agrícola», voy por ese camino más o menos, ya hace cincuenta y nueve años, lógicamente como digo siempre con humor, con el número uno de la promoción, que además fue así —por pura casualidad obviamente—.

En fin, lo de graduados en Ingeniería Agrícola supongo que a nivel Andalucía, en total, saldrán ahora estimo que quinientos al año, es decir, más de diez veces los números de antes, lo cual en sí mismo, evidentemente, es muy bueno.

Esto está bien, que haya técnicos suficientes sin duda es muy bueno para la agricultura, pero si es necesario contemplar el estudiar Graduado en Ingeniería Agrícola en Antequera, dependiente de la Universidad de Málaga, pues Málaga no la tiene y por la ubicación estratégica de Antequera, y la importancia agrícola de la misma, bien que lo merece. No es una idea original mía ni mucho menos, ya se hizo mención de esta petición en el semanario El Sol de Antequera hace muchos años, y más de una referencia caída en el olvido.

Antequera ya era un importante polo agrícola en tiempos de los romanos.

En definitiva, con la mecanización en el campo y la tecnología, la agricultura, que tiene nombre femenino, pasa a ser una actividad cada vez más parecida a una actividad industrial en muchas de sus facetas.

Y la que no reúna los requisitos y deba buscar alguna otra solución, tiene que vender el campo o arrendarlo o situarlo como aporte no dinerario a una sociedad anónima a cambio de la participación accionarial que corresponda, con sus riesgos, lógicamente.

Las nuevas tecnologías invaden el campo, fotos digitales de los cultivos de la finca cada dos o tres días permiten hacer un seguimiento y ver los fallos y, por consiguiente, poder actuar puntualmente, pero no hay preparación para ello, e incluso a los técnicos les cuesta mucho esfuerzo.

Mientras Bruselas viene actuando como si los agricultores tuviesen grandes conocimientos informáticos, técnicos, agronómicos, administrativos, etc., donde no está preparado y cuya preparación no se consigue de la noche a la mañana, sino con mucho tiempo. Esto aumenta la incertidumbre.

Es necesario producir y mucho, porque es lo que da riqueza. El PIB de España está en 1.500.000 millones de euros, el de Alemania son 4.000.000, el de Francia 2.800.000 y el de los Países Bajos (Holanda) es de 1.100.000 y, atención, Países Bajos tiene algo menos de la mitad de superficie que Andalucía.

Eso sí, en Deuda Pública somos de los primeros del mundo, con importe de más valor que el PIB o muy similar, lo que es un lastre para el desarrollo, pues, de lo que genere el Estado, una parte muy importante es para pagar deuda. Si los ingresos son para pagar deuda, evidentemente no se puede invertir, hay que bajar los gastos de mantenimiento a tope y subsistir, todo ello cuando la economía no funciona o se ha llevado a la ruina, por mala cabeza.

Es como tener un sueldo pero tal deuda antigua que lo que ganas es para pagar trampas y no te queda apenas para vivir.

Se ha creado una mentalidad social equivocada de que las empresas muy grandes no deberían existir y esto se aplaude por muchos, que parece que lo que quieren es que sean todos pobres.

Cuantas más empresas grandes haya en España, mejor nos irá. Ya hay empresas como NVidia, americana líder mundial en Inteligencia Artificial, cuya valoración mercantil —número de acciones por el precio en la Bolsa— es igual al PIB de España, sus acciones en Bolsa están altas porque estas son muy rentables. Si una empresa da buenos resultados económicos, aumenta su valor, lógicamente, porque los accionistas se ven remunerados y la empresa paga mejor a sus empleados para que sigan consiguiendo rentabilidad, y la empresa busca nuevos proyectos y crece. Es muy bueno que las empresas tengan buenos resultados, además el Estado tiene un porcentaje de los beneficios de esta, el 20 o 25 %, ya según el caso, a título referencial.

Los resultados buenos no son para asustarse, son para dar palmas de alegría. Evidentemente, cuando no es un monopolio, sino un mercado abierto.

Cuando una empresa va mal, pues lo primero que ocurre es que hay despidos de personal, siempre ha sido así, hasta ahora. Ya las cosas increíblemente han cambiado, las empresas han de estar a la última en innovación tecnológica, y esto es automatización y automatización, que acarrea disminución de personal. Y aquí entramos en un tema que nos parece aberrante, pero que es imparable: una empresa que va muy bien despide personal, porque sencillamente está situándose en más innovación tecnológica y al tenerla, implica menos empleo; atención, no es que quiera despedir personal, es simplemente que la innovación manda, porque si no es así, otros la hacen y esta queda obsoleta. Hoy la inteligencia humana en alguna medida es sustituida por inteligencia artificial (IAgen), no todo es posible sustituirse, evidentemente, pero sí muchos trabajos con la automatización y el desarrollo increíble del mundo digital.

Tenemos que acostumbramos a que empresas punteras despidan personal, no pueden permanecer de espaldas a la automatización, al contrario, han de procurar estar en cabeza de esta, para no ser extinguidas con el tiempo. Estamos en una carrera. Y empieza a verse la disminución de plantilla, analizando las características de empresa como un valor, si la disminución de esta es consecuencia de la automatización.

Miren, estuve en Rusia hace unos veinte años en un viaje de empresa, hicimos muchos kilómetros en coche en Rusia, lo que vi era mucho más atrasado que en Europa. Bueno, también atravesamos en coche de norte a sur Ucrania, hasta el Puerto de Mariúpol, hoy ocupado por Rusia. Y estuvimos unos días en Kiev, que me encantó; entre otras cosas, en Kiev me llamaron la atención grandes espejos en la salida de algunos edificios de oficinas donde estuvimos, los cuales tenían los mismos antes de la salida, donde se paraba todo el mundo para ver su aspecto antes de salir a la calle, sobre todo las señoras, muchas muy guapas, por cierto, se retocaban para salir a la calle perfectas; los hombres poquito.

Bien, en Rusia, al lado del inmenso río Volga, estuvimos en una fábrica de fertilizantes nitrogenados, el modelo de esta es básicamente igual o similar en todas partes del mundo, me llamó la atención de que una fábrica como la que vimos, en Europa tiene trescientos empleados o cuatrocientos, y allí tenían —no me acuerdo exactamente— del orden de 2.000; el tema era dar trabajo a todos, pero un contrasentido. Por ejemplo, para entrar a la fábrica, en vez de un portero, pues unos pocos, diez o doce, y todo así. No tiene lógica económica en el mundo capitalista donde estamos, pero sí es lo correcto en el mundo comunista, donde todo es del Estado. Y tener solo una empresa en un país que sea del Estado, ya sabemos que por su complejidad es de imposible funcionamiento y no hay incentivos para crecer.

Aunque ahora en Rusia, no sé cómo definirlo porque hay grandes o enormes empresarios «oligarcas», con grandes lujos el que los quiera, y por otro lado es comunista el trabajador, que no sé cómo llamarle a este sistema, entiendo que comunista es cuando todo es del Estado, pero en Rusia no es así, entiendo entonces que es una dictadura. Bueno, doy mi impresión, pero puedo estar equivocado como en otras muchas cosas, o mejor que decir equivocado, mal informado, pero comento mi experiencia. Parece que el mundo se está dividiendo en dos partes, los países con democracia y los países con dictadura.

En definitiva, abogo en la economía de hoy y del futuro por grandes empresas agroalimentarias, me refiero a empresas agricultoras grandes y modernas, competitivas en el mundo de hoy y en el que se nos viene encima, sí o sí, y que España sea muy poderosa nos vendrá bien a todos.

Pensamos que quizá hayamos llegado ya al futuro, y no es así, si alzamos la vista en un paisaje, el horizonte es lo que vemos al fondo si es que estamos dando un paseo, pero a medida que avanzamos hacia el mismo, el horizonte se va alejando, siempre está lejos; quizá no tenga nunca fin, el futuro es infinito y el desarrollo que nos viene es infinito. Sabe Dios como será Antequera dentro de mil años, que no es nada.

Llegará un día con pocos jóvenes, muchos mayores, poca población activa, mucho deporte y todos viviendo bien, los que trabajen, mucho mejor, obviamente, y no tendrán muchas horas de trabajo. El que sea muy trabajador, estará mucho mejor, es lo lógico.

El desarrollo de las empresas de servicios, es decir, la subcontratación, es galopante, ya solo tenemos especialistas, que «son aquellos que saben más y más de menos y menos hasta que saben casi todo de casi nada». Y esta tendencia es lógica.

En la Fábrica Cros San Jerónimo, en el comedor, asistía toda la plantilla, unas trescientas cincuenta personas. Para ello había cocineros, limpiadores, almacén de aprovisionamiento, camioneta para ir a comprar, el médico de la empresa daba el visto bueno a los menús... Bueno, no sé, a lo mejor entre mujeres y hombres había treinta personas y problemas continuos de falta de personal por enfermedad, vacaciones etc., entonces se subcontrató y se simplificó, se comía muy bien, y a la empresa le resultaba mucho más cómodo y barato. Esto después siguió con los guardas de seguridad, con el taller de mantenimiento, y el director, el buen e inolvidable Enrique Hernández Barrientos, me comentaba: «José Luis, al paso que va esto, con el tiempo, los directores también serán subcontratados a una empresa especializada en ello».

El mundo es cada vez más complejo, más técnico y es muy claro y lógico contratar a empresas especializadas, esto es irrefrenable, no solo para el sector privado, sino también lógicamente para que el sector público gane en agilidad.

14. La ganadería andaluza

Tenemos fama los andaluces de tener buenos caballos, toros bravos, fiestas, mientras en otras autonomías producen, trabajan y fabrican. La leyenda negra que nos han colocado los que se creen más que los demás, cuando son bastante menos que nosotros probablemente.

La cultura andalusí, para quien quiera informarse en la historia, ha sido crisol de razas, romana, árabe, judía, cristiana, y siempre con una cultura superior en agricultura, medicina, artes, por ejemplo, al resto de España y, por supuesto, más demócratas y comprensivos con los demás tradicionalmente.

La situación andaluza es consecuencia de que no ha habido por los gobiernos, ya desde muy antiguo, una distribución equitativa de recursos, y normalmente se han entregado en más cantidad a aquellas regiones protestonas o conflictivas políticamente y nuestra diferencia es que, a pesar de ello, tenemos una cosa que las demás no tienen, ni van a poder tener nunca, que es el clima y superficie extensa.

Hay un tema muy claro, observando las cifras de España y de Andalucía, en cuanto a productos ganaderos, y es que en Andalucía tenemos muy poca ganadería con relación al resto del país, reitero: muy poca ganadería. Tema que debe solucionarse, entre todos.

El PIB de España en 2022, me refiero al sector, agrícola, fueron 110.000 millones de euros, lo cual solo supone el 9,2 % del total.

De este sector, 31.000 millones son la ganadería, es decir, el 25 % del PIB del sector agrario en España.

Sin embargo, en Andalucía solo hay dos millones euros del sector ganadero; es decir, solo un 13 %; estamos muy descolgados en ganadería, tenemos poca ganadería en Andalucía. Esto es un concepto claro, tenemos muy poca ganadería en Andalucía por lo expresado, y la opinión general colectiva no tiene este dato.

Nos corresponde más del doble para estar en la media nacional. Estamos muy bajos en producción ganadera, probablemente porque la hemos visto de siempre mayoritariamente como ganadería extensiva a cielo abierto, la misma supone cerca de un 40 %, este porcentaje es muy alto en relación con las demás comunidades y viene dado por su superficie.

Por consiguiente, solo tenemos de ganadería intensiva una producción de 1.200 millones de euros para toda Andalucía, irrisoria cifra en comparación con otras Comunidades Autónomas, de superficie mucho menor.

En Andalucía tradicionalmente hemos vinculado la ganadería a la explotación extensiva y vuelto la espalda a la industrial, yo la llamaría más bien ganadería intensiva, lo de industrial suena mal en este contexto.

En Andalucía, por su enorme extensión y porque hay poca, tenemos un enorme potencial de crecimiento de la ganadería intensiva, lo cual nos vendría estupendamente para disminuir el desempleo, que falta hace, fabricar carne y leche. Y aumentar el PIB de Andalucía que es la única forma de aumentar el empleo.

A la vez, dicho aumento de producción originaría el que hubiese otros sectores colaterales que se fortalecerían, la creación de riqueza en un sector, mejora a casi todos los demás, esto es así, en general, pues en este caso aumenta el consumo de piensos, aumenta el transporte, los puestos de veterinarios, que creo que en su mayoría en Andalucía es para la sanidad de los animales de compañía, laboratorios, fábricas de preparación de productos ganaderos para el consumo, empresas de informática, hoteles, etc.

La ganadería extensiva se basa en el aprovechamiento de los pastos naturales o cultivados de montaña para el pastoreo de las cabañas ganaderas. En este subsector ganadero se incluye gran parte del vacuno de carne, la totalidad del ovino y caprino, así como el porcino de montanera.

La ganadería extensiva es la que se dedica a aprovechar los recursos naturales todo lo máximo posible, pero lógicamente no puede competir con la intensiva, a no ser que sea especificando mediante normas la procedencia y siendo la extensiva signo de más calidad homologada y diferenciada.

Pero tenemos la de mayor calidad con la extensiva, aunque es difícil de aumentar. El aumento ha de provenir de la ganadería intensiva, donde estamos descolgados.

Los andaluces, al estar muy vinculados a la ganadería extensiva, hemos descuidado la intensiva, salvo en algún subsector, donde es única o casi.

Así que mucho de nuestro consumo se lo compramos a otras comunidades autónomas, cuando podríamos ser una región tremenda en ganadería intensiva, sin olvidar para nada la extensiva, que debe tener una clara normativa en cuanto a su origen y calidades, seguramente esto ocurrirá cuando siempre la misma se venda envasada, fechada y con todos los detalles de calidades, con las garantías de calidad y de origen.

La ganadería intensiva es aquella que se basa en maximizar la producción y minimizar los costes, su productividad es mucho mayor obviamente que la de la ganadería extensiva.

Si producimos más, pues tendremos que comprar menos fuera de Andalucía y se mejora esta autonomía, hemos de ver este sistema de producción con buenos ojos, porque es el que hay básicamente en el mundo.

Los tiempos modernos, sin olvidar la ganadería extensiva, nos llevan a la ganadería industrial, la cual no tiene vinculación directa con la tierra, basada en la explotación de razas alóctonas; es decir, no de nuestra tierra, sino del sitio que sean más interesantes en cuanto a producción en el mercado. Son, en definitiva, fábricas de productos ganaderos, pero es como se alimenta el mundo.

Llegará un día en que la carne se hará en fábricas de forma sintética y no harán falta los animales, si no al tiempo.

Así los mismos no contaminarán con CO_2 la atmósfera —lo mismo que hacemos los animales humanos— y porque a lo mejor nos conducen a ello todas las normativas modernas. Aparte de que puedan ser más baratas dichas proteínas sintéticas. De los sabores y olores ya se encargarán los técnicos especialistas en ello.

Está fantástico —al menos para mí— un buen entrecot de ternera a la parrilla, tierno y jugoso. Pero cualquiera sabe en este mundo de evolución trepidante, que vamos en una dirección de evolución infinita, siempre evolucionando a límites increíbles, que no se nos ocurren ni soñando. Miren, leo que con la «inteligencia artificial» se está poco a poco avanzando en el campo de la comunicación entre animales y llegará el día en que el sonido que emite, por ejemplo, un rebaño de ovejas entre ellas, sea grabado y con la inteligencia artificial traducido a nuestro idioma, y nos enteremos qué le dice una oveja a otra y qué piensan, y así también entre otras especies; cuando ello ocurra quizá dejemos de comer carne. ¡Qué sé yo cómo será el mundo dentro de mil años, de dos mil, o de diez mil! No lo sabremos. ¡Hay tantas cosas por descubrir!

Las personas somos los animalitos humanos con una evolución intelectual tremenda, sobresalimos enormemente de las demás especies y poco a poco vamos descubriendo un mundo cuyo futuro es imposible de imaginar —seguramente acabaré escribiendo un libro imaginativo sobre este tema—.

Estas instalaciones intensivas solo dependen de su abastecimiento de piensos y de la demanda de productos y, desde luego, una gestión óptima de los vertidos, que es el gran problema pero que con la tecnología, entiendo que ha dejado de serlo.

Los problemas han sido solucionados, como iremos viendo más adelante.

Su localización de la ganadería intensiva en puntos adecuados que aseguren tener un mercado próximo es fundamental. En este sentido, Antequera es un enclave muy destacado, modernas autopistas hacen tener muy cerca de la Costa del Sol, Granada, Córdoba y Sevilla.

Antes no era así, con la peligrosa carretera entre Antequera y Málaga, los antequeranos éramos más granadinos que malagueños a pesar de la distancia.

Está Antequera en un punto crucial para ser el centro más importante de ganadería intensiva de Andalucía.

Esto nos viene muy bien a los antequeranos, ante el impresionante crecimiento poblacional de la Costa del Sol, por ejemplo, y los alimentos que allí se demandan.

De ninguna forma podemos volverle la espalda a la ganadería industrial, porque es la que produce a menor costo, es la ganadería moderna y se ha de procurar el mejor costo para la evolución de la economía. Hemos de dejarnos de utopías y sueños e ir a la dura realidad. Hemos de tomar esto como una forma natural, con las medidas ambientales lógicas y dejarnos de antiguos prejuicios.

Hay un rechazo a las «macrogranjas», como se las llama ahora, formado por personas que se apuntan a corrientes de opinión que suenan bien y dicen cosas que gustan, quizá divulgadas por aquellos que nunca estuvieron en una macrogranja, a la que se le carga de mil problemas, tales como evacuación de purines y estiércol, que contamina otros campos, también de olores y no sé de cuántos males más.

Es un tema de actualidad en redes, yo estuve visitando una macrogranja en Huesca, hace diez o doce años, que tenía del orden de 6.000 vacas en una finca de unas trescientas hectáreas. Quedé impresionado del orden y limpieza, cada vaca con su podómetro, es decir, una pulsera en una pata con la que se controlaban los pasos que daban al día de forma automatizada, lo cual es interesante para saber, por ejemplo, cuándo están preñadas o tienen alguna anomalía en su vida, y todo previsto para que no haya vertidos fuera de la finca, de forma ingeniosa y estudiada. Si mal no recuerdo, pregunté si había granjas mayores y creo recordar una ya fuera de esa comunidad, que por lo visto tenía 15.000 y en Estados Unidos me suena la cifra de 50.000.

La limitación de las macrogranjas a un cierto número de cabezas debe ser a nivel de la Unión Europea, para poder ser competitivos con la de otros países. Porque si aquí limitamos y en Francia no, pues ya sabemos, vendrán los productos de Francia y aquí cada día peor, entonces perjudicamos a nuestra balanza comercial, dejamos de crear riqueza, compramos fuera y, desde luego, aquí al tener pocas cosas seremos más ecológicos.

Lo mismo que aquí cerramos centrales nucleares de producción de electricidad y compramos de este origen en Francia. Pues nada, pongamos todo tipo de impedimentos a las macrogranjas que hay hasta que logremos cerrarlas y después compramos la carne fuera o la leche, porque además es más barata, por consiguiente. Estas cosas me enervan.

Vamos a ver, las macrogranjas, hoy van en muchos casos cercanas a una planta de biogás, que refinado es el etanol y que se inyecta en tuberías de gas, de las que pasan enterradas por nuestra vega antequerana. Deben estar, pues, cerca de ellas para ser competitivas y hoy ya hay la tecnología existente para que no sea una instalación problemática ni mucho menos. Son instalaciones que producen riqueza.

Con las plantas de biogás los residuos de las granjas han dejado de ser un problema con el biogás se produce electricidad para la propia granja o para venderla, o bien se vende el biogás inyectado a las instalaciones generales de gas. O consumirlo en otras actividades industriales en la explotación.

El biogás es una energía renovable que procede de la transformación de residuos orgánicos en energía en forma de gas. Junto a otras asentadas como la energía solar y la energía eólica, el biogás busca abrirse paso poniendo en valor su aportación a la economía circular.

La vida no se puede entender sin energía, dominada hasta ahora por los combustibles fósiles como el carbón, el petróleo y el gas; la búsqueda y aprovechamiento de otras fuentes de energías más sostenibles es una de las estrategias más asentadas frente al cambio climático.

La energía solar, la eólica y la geotérmica —esta última cada vez más utilizada en la construcción de viviendas— son las tres energías renovables más conocidas, pero no las únicas. Junto a ellas también se abren paso otras soluciones como el biogás, obtenido a partir de residuos, como los comentados, y de los basureros.

El biogás es un gas renovable compuesto principalmente por metano y dióxido de carbono, obtenido a partir de la degradación anaerobia —sin oxígeno— de residuos orgánicos. Es, según el Instituto para la Diversificación y Ahorro de la Energía de España: «la única energía renovable que puede utilizarse para cualquiera de las grandes aplicaciones energéticas: eléctrica, térmica o como carburante».

Se trata, por tanto, de transformar residuos ganaderos, agroindustriales y lodos de depuradoras de agua, pero también residuos domésticos. La basura se convierte así en la materia prima de una fuente de energía. Ese es su carácter renovable. Del mismo modo que los plásticos acumulados en un vertedero pueden reciclarse y convertirse en nuevos productos, en el biogás, los purines de los cerdos se transforman en energía.

Dentro del Plan Nacional de Recuperación, Transformación y Resiliencia, hay destinados fondos específicamente a la modernización de las explotaciones ganaderas y la mejora de la bioseguridad.

Aparte de ello, también se han provisto fondos en la Unión Europea y por ello en España donde tenemos el II Plan de Acción de la Estrategia de Digitalización del Sector Agroalimentario, Forestal y del Medio Rural, que está destinado a reducir la brecha digital, fomentar el uso de datos y crear nuevos modelos de negocio que hagan más atractivo el medio rural.

Se está avanzando mucho en un cambio en el medio rural y que no nos quedemos atrás en la rápida evolución que estamos viviendo.

Reseño a continuación una breve semblanza de cada grupo ganadero.

-Ganado bovino. La cabaña bovina, es decir, el ganado vacuno andaluz supone el 10,6 % del total nacional. Se concentra principalmente en la provincia de Cádiz, el Valle del Guadalhorce y en el Valle del Guadalquivir

Hay 683.000 cabezas en Andalucía, lógicamente según estadísticas oficiales.

El Gobierno ha legislado y, en el último Consejo de Ministros de 2022, ha sacado adelante el Real Decreto con esas normas básicas de ordenación para el vacuno de carne y de leche y contiene una medida «estrella»: la prohibición de construir granjas bovinas superiores a ochocientas cincuenta unidades de ganado —de ellas, unas setecientas veinticinco vacas de leche), esto para las nuevas, las que hay mucho mayores siguen, lógicamente, y tendrán que hacer adaptaciones, lo que no sé es si son posibles técnica y económicamente y si darán tiempo para ello en el plazo concedido.

Esto no es un tema claro, porque una menor producción empeora la competitividad. No podemos estar en vanguardia del mundo, en vanguardia de lo que hay que hacer, porque así nos quedamos descolgados del mundo y de las utopías no se vive. Más vale paso a paso, o partido a partido, como se dice ahora.

El Registro Estatal de Emisiones y Fuentes Contaminantes apunta que las macrogranjas porcinas son instalaciones con capacidad para más de dos mil cerdos de cebo de más de treinta kilos o setecientas cincuenta cerdas reproductoras, pero es el criterio de un Registro, no hay de momento límite legal en cuanto a cantidad en granjas porcinas. Pero no sé, a lo mejor aquí se pueden acoger algunos ayuntamientos para no autorizarlas.

- Ganado equino. En el censo de 2022 figuran 634.000 cabezas en España, y de ellas, en Andalucía 189.000.

- Ganado caprino. Hay 2,7 millones de cabezas en España. La gran agrupación ganadera de Andalucía oriental son las cabras, superior a cualquier otra española. A nivel autonómico, sus efectivos suman el 40 % del total nacional, es decir, un millón de cabras, y están compuestos por rebaños de razas murciano-granadina y malagueña, de excepcionales características cárnicas y lecheras; su ámbito general son terrenos quebrados o sierras. Sus productos de queso y carne de chivo deben ser más promocionados. Somos una potencia en ello, y es necesaria una fuerte promoción. Un fuerte *marketing* como producto de calidad diferenciada.

- Ganado ovino. Hay en España quince millones de ovejas, de las cuales doce millones son hembras; de las mismas, tres cuartas partes de aptitud carne y una cuarta parte de leche. Somos el país con más censo de la Unión Europea. En Andalucía solo hay 2.430.000 en total, hay muy pocas en relación con la superficie de nuestra autonomía.

- Ganado porcino. La cabaña porcina andaluza con tres millones de cerdos aproximadamente representa el 10,6 % de la cabaña porcina nacional. Murcia tiene 2,5 millones de cerdos y Andalucía tiene siete veces más superficie. Hay muy pocos cerdos en Andalucía.

Al menos deberíamos tener como Cataluña, ocho millones de cerdos, y somos dos veces más grande en superficie. Para tener los mismos por superficie harían falta en Andalucía veinte millones de cerdos, es decir, siete veces más.

Hay muchos cerdos por ahí, por ejemplo, mirando al azar, en Dinamarca solo hay seis millones de habitantes y, sin embargo, hay doce millones de cerdos.

En Países Bajos hay dieciocho millones de habitantes y doce millones de cerdos, creo que, en general, aunque pensemos lo contrario, hay pocos cerdos también en España y poquísimos en Andalucía.

La conclusión es que hay muy pocos cerdos en Andalucía y que convendría mucho aumentar su número; esto genera aumento del PIB, crea riqueza, mano de obra e industria derivada.

En mi opinión, en las denominaciones de productos del cerdo, creo que la legislación no es suficientemente clara para que el nombre de cada calidad las entienda todo el mundo, y bueno, son muchos los que piensan que «ibérico» es el auténtico de pura raza y criado al menos al aire libre, y no es así, hay que saber mucho de esto para comprar un jamón examinando, interpretando su etiqueta, y saber lo que se compra, que puede ser distinto a lo que te digan y distinto a lo deduces que lees en etiquetas preparadas para inducirte a lo que no es, pero el precio es como si lo fuese.

¿Es ibérico al 100 %, al 75 %, al 50 %? ¿Es de granja o de campo?

Es que hablando con el mundo hay muy poca formación en la lectura de las etiquetas de productos agroalimentarios, y estas están estudiadas para confundirte en lo posible, rozando el límite de la legalidad.

Como consecuencia de ello, no sabemos lo que comemos, pues lo que tenemos en mente que estamos comiendo no obedece a lo que es. Son mis conclusiones, como todo el libro, he de confesar que soy un lector empedernido de etiquetas y veo que los demás no las miran en la inmensa mayoría.

- Aves de corral. Las cifras son que hay doscientos once millones en España, en Andalucía veinte millones; esto es un 10 % del total de España.

Como Andalucía tiene de kilómetros cuadrados casi un 18 % de la superficie de España, si las aves de corral se distribuyeran en el mismo número por superficie, le corresponderían a Andalucía treinta y ocho millones.

Los pollos *broiler*, se caracterizan por un crecimiento rapidísimo y una excelente transformación del pienso en carne de color blanco, tierna, pobre en grasa y muy digestible. Es, además, un animal muy pacífico, sociable y sedentario y a los treinta y ocho días pesa 1,85 kg. Si el pollo pesa menos, los pocos días que tiene y las granjas de gallinas ponedoras realmente son fabricantes de huevos al por mayor, conviene producirlos en cantidad suficiente en Andalucía para nuestro consumo, más el turismo, y traer menos de otros sitios no andaluces.

A grandes rasgos, en mi opinión, convendría:

1. Intentar atraer inversores para que instalen en macrogranjas de grandes firmas instaladas en otras autonomías. Así, como suena.

2. Publicidad en toda España de la cabra andaluza, como productora de carne —alentando el consumo del cabrito—, leche y queso.

3. Potenciar como denominaciones de origen las carnes y productos de ganadería extensiva.

4. Las normativas deben ser iguales para toda la Unión Europea, para no perjudicarnos con referencia a otros países de esta.

Yo no sé si la conocida como «Ley de Bienestar animal», que regula la protección de los derechos y el bienestar de los animales, aprobada en el Congreso el 16/03/2023 y entró en vigor el 29/09/2023 es una transposición de una norma comunitaria o es un desarrollo especifico español.

El bienestar animal se sustenta en el cumplimiento de las cinco libertades de los animales: vivir libre de hambre, de sed y de desnutrición, libre de temor y de angustia, libre de molestias físicas y térmicas, libre de dolor, de lesión y de enfermedad, y libre para manifestar un comportamiento natural en su especie.

La Ley de Bienestar Animal va centrada no solo en la tenencia de animales de compañía y animales silvestres en cautividad. Sino en todo el sector ganadero.

No hay quien se salve de muchas normas, ni Industria, ni Agricultura ni Ganadería.

15. Marruecos, la China agrícola

Importar productos agrícolas de países lejanos hay que verlo con naturalidad, generalmente en meses diferentes a las producciones de aquí o porque por nuestro clima no puedan cultivarse aquí, tal como la piña. ¿Por qué vamos a privarnos de ella?

Las importaciones extracomunitarias, eso sí, muy coordinadas con las producciones europeas, para que no ocurra que aquí sobre y encima importemos a precios más bajos. En esto las organizaciones agrarias han de estar muy coordinadas con la Administración del Estado y tener mucha fluidez.

En Marruecos tienen unos menores costes agrícolas en casi todos los órdenes, tierras baratas sin explotar agrícolamente, mano de obra y sus costes baratos con salarios diarios de diez euros.

Precios de los fertilizantes fosfatados mucho menores; al ser productores de estos, se aplican en Marruecos precios muy atractivos especiales para su país, y como son en buena parte los mismos ingredientes de los abonos complejos pues cabe entender que igualmente ocurre con estos, ahora que los fabrican allí, en gran volumen.

El estrecho de Gibraltar es realmente estrecho, su tramo tiene solo trece kilómetros de ancho y algo más de cincuenta de largo. No es nada, es menos que un río de los grandes ríos. El Río de la Plata en Argentina tiene buena parte de tramos con doscientos veinte kilómetros de ancho. El Volga ciento veinticuatro kilómetros. Parecido en anchura el Estrecho de Gibraltar al Mississippi con once kilómetros. Estamos hablando de tramos largos, no en su totalidad.

Bueno, creo que sería bueno para entendernos y comprenderlo mejor llamarlo «el río estrecho de Gibraltar», para tomar conciencia de lo poco que significa el mismo, como separación, en el tráfico de productos.

Basta con ir al Mirador, junto a la carretera nacional, al lado de Algeciras, entre Barbate y esta, y ver cómo realmente la separación es mínima.

Y por ser Marruecos, en cuanto a clima es una prolongación de Andalucía, o Andalucía una continuación de Marruecos, permite tener los cultivos que aquí tenemos y transportar grandes volúmenes agrícolas a Europa y, por tanto, el gran competidor andaluz solo tiene que atravesar el Río del Estrecho, lo tiene muy fácil. Es un trayecto de nada, y de forma continua los barcos cada vez son más rápidos.

Me acuerdo en estos momentos del escritor Fermín Requena Díaz —suegro de mi hermana Mely—, que abogaba en el primer tercio del siglo XX por que el Protectorado Español de Marruecos se convirtiese en una autonomía, dependiente del Gobierno de España, por lo mucho que nos une —en el Protectorado se estableció la República Independiente del Rif, que duró pocos años, los españoles y los franceses nos encargamos de derrocarla—.

En fin, vayamos al hoy. Como Marruecos tiene menores costes, las grandes empresas agrícolas europeas y mayoritariamente españolas se instalan allí, en sociedades mixtas por lo general, buscando las producciones a menores costos y ser más competitivas.

Pero esto no es malo, si nosotros no estuviésemos en Marruecos habría otros sin duda. Estas cosas no tienen ni tendrán fronteras. Numerosos técnicos que trabajan en Marruecos son andaluces, por ejemplo.

El desarrollo de Marruecos está siendo colosal, desde Barbate se ven como unas cadenas de televisión más, al menos doce o trece cadenas de televisión marroquíes y sus avances.

Esto de que los fitosanitarios en Europa prohibidos se utilizan allí, pues sí, pero no es lo que yo he vivido, al menos no en lo que se prepara para la exportación. Hoy los análisis de residuos en los productos no son como antes, hoy se analizan lo mismo que la sangre en los hospitales, de forma inmediata y automatizada, y hacen análisis de sus partidas para exportar, con los requerimientos de la comunidad europea. Si tuviesen pesticidas en Europa prohibidos, sería un escándalo. Los límites máximos de residuos (LMR), fijan los máximos permitidos de ciertas sustancias y las no permitidas, y la Comunidad Europea lo hace de forma muy rigurosa.

Mis contactos con técnicos de explotaciones marroquíes dicen que las tecnologías que utilizan son iguales a las europeas en los productos para la exportación; al menos son mis conclusiones cuando he hablado con técnicos españoles que llevan explotaciones en Marruecos. Habrá de todo, evidentemente.

Otra cosa es lo que nos hacen creer por medios de comunicación, que puede que lleven razón, pero lo que yo he vivido no es así. Creo que el problema no es de residuos, ni mucho menos. Los grandes compradores, las grandes cadenas, son muy rigurosas con sus proveedores y muy exigentes, teniendo que adaptarse a normas muy estrictas, vigiladas por empresas autorizadas a tales efectos.

El problema es que tienen menos costes y salimos perdiendo. Ese es el gran problema, no podemos competir.

Hoy día, lo que se exporta desde España a la comunidad europea va con un certificado de análisis de empresa autorizada, en ello hay multinacionales de alta solvencia y empresas de alto prestigio y lo lleva cada camión.

Así que Marruecos, con mucho personal trabajando en el extranjero, han de tener una buena entrada de divisas, más las exportaciones, más la riqueza en fosfatos y una estabilidad política; está teniendo un desarrollo galopante.

Pero la Comunidad Europea autoriza con unos aranceles ridículos en unos contingentes altos que se negocian. Seguramente porque quiere, creo yo, que Marruecos sea rica, porque así es un vecino menos conflictivo y problemático para Europa, y también un cliente.

Tenemos, pues, un muy duro competidor. Andan con mucha ventaja con respecto a nosotros en cuanto a costos, por ello digo que es la China agrícola. Cuando sean ricos dejarán de ser competidores.

Los puertos de Algeciras y Rotterdam son los más importantes en Europa en cuanto a importaciones agrícolas. Algeciras es el quinto puerto más importante de Europa y el primero del Mediterráneo, y Rotterdam el primero, el más importante de Europa.

El Puerto Seco de Antequera, por su ubicación geográfica, tiene mucho futuro, pero claro, le es necesario tener vías ferroviarias rápidas para el transporte de contenedores a Antequera y esto hoy no es así, y sabe Dios cuándo.

El ancho internacional de ferrocarril, de momento en España, que yo sepa, solo se utiliza para pasajeros, pero no para mercancía; en el futuro supongo que también para mercancía a la vez que, como sabemos, en Europa el transporte «transfronterizo» es una tendencia clara, el núcleo de Bobadilla, con los años, volverá a resurgir, de forma importantísima en ferrocarril, pero le faltan aún muchos años, al paso que van las cosas.

Agricultores avanzados de Almería se han instalado en Marruecos, se trata simplemente de producir con las mismas técnicas a precios más bajos, ser más competitivo y buscar más rentabilidad, tema lícito y propio de cualquier empresario.

En fin, veo a Marruecos como un exportador agrícola un tanto imparable para Europa, y un claro competidor para Andalucía.

Estamos Andalucía y Marruecos, pues, prácticamente unidas en geografía, pero distantes en otras muchas cosas. La buena vecindad siempre es deseable y borrar el pasado.

En definitiva, nuestros vecinos de al lado, los de la otra acera, en este caso del canal, fabrican lo que nosotros, pero a costos más bajos.

Está muy bien el de las cláusulas espejo, es decir, que allí produzcan con las mismas normativas que en Europa, es un tema para defender a tope, pero creo que muy difícil en la práctica.

En fin, solo permitir contingentes de productos que no hagan daño a los productos cultivados en Europa y que haya unos aranceles adecuados para que no haya competencia por no poder producir; no nos dejan en sus propias condiciones.

Pero el tema no es sencillo, porque hay muchos intereses creados. Y si nosotros tomamos unas medidas, ellos toman otras.

De todas formas, en un mundo de sorpresas, a veces mayúsculas, cualquier día nos sorprenden al hacer un túnel bajo el Estrecho de Gibraltar.

Lo que hemos de hacer ahora es potenciar la agricultura andaluza a tope; esto, de entrada, no tiene mucho sentido que no lo pongamos en marcha y sí lo haga el vecino.

16. Debemos aprender a saber lo que comemos y después hacer lo que queramos

Este capítulo, de este tema en el que pienso con reiteración, me ha parecido bien incluirlo por lo vinculado que, en definitiva, se encuentra en relación con la agricultura: el efectuar una alimentación sana, y no quiero dejarlo en el tintero.

Y aparte no debemos fumar. El tabaco pensamos que no nos hace daño, pero cuando te encuentras a personas cercanas que fallecen por causa del tabaco y otras con graves afecciones sin probable arreglo; entonces es cuando, hablando con médicos y sabiendo, por ejemplo, que la nicotina queda en buena parte retenida por la sangre, disminuyendo el transporte de oxígeno por la misma y dejando partes del cuerpo enfermas, sin oxígeno necesario que se necesita para vivir y, viendo que los problemas consiguientes difíciles de subsanar, o imposibles en muchos casos, captamos en toda su importancia la necesidad de no fumar para cuidar la salud. Para combatir al tabaco es muy necesaria una buena información médica que llegue a todos, y por lo que leo, todavía uno de cada cinco españoles fuma, es decir, ingiere elementos tóxicos, letales para la vida.

Aparte del cáncer de pulmón que, en abrumador porcentaje, lo produce el tabaco.

Cuando veo a hombres y mujeres por la calle fumando, ahora siento miedo por las mismas.

Hace años salí en New York del hotel a la calle para fumar; una señora que pasaba por la puerta se paró delante de mí y me formó la bronca, por estar fumando, por hacerlo en público, con lo que era posible despertar en otros el apetito de fumar y lo malo que era para mí y mi familia, yo con cuatro cosas que se dé inglés, pero sobre todo por sus gestos, la entendí, pero seguía fumando algo, a lo mejor un paquete a la semana o menos. No me considero fumador, pero fumo algo de vez en cuando.

Después de este receso, quiero indicar en este capítulo una información aprendida a lo largo de los años y que entiendo que es bueno divulgar.

Pero antes, comentar la actualidad de la conocida vulgarmente como la Ley de la Cadena Alimentaria, de fecha 14/12/2021 y cuyo nombre es Ley de Medidas del Mejoramiento de la Cadena Alimentaria.

En definitiva, es un reto en relación con la comercialización. Desde luego, es aumentar la burocracia, pero es una ley muy interesante.

Por la misma se prohíbe vender por debajo del coste pero esto solo para los productos agroalimentarios y proteger al agricultor —salvo al detallista, que si puede vender por debajo del costo, que necesite deshacerse de producto—, eso está bien, porque es conocido que las grandes cadenas, utilizan a veces precios «a pérdidas», como productos «gancho», así vendiendo alguno o algunos productos baratos atraen a la clientela, la cual no solo compra estos sino de camino adquiere otros, que hacen que la rentabilidad global de la compra salga con beneficios de interés.

Por ejemplo, lo he visto en los fertilizantes, el vender por debajo del coste, no diremos de una forma general por una empresa, lógicamente se arruinaría, sino por ejemplo en puntos locales concretos, con el objeto de entrar en un mercado, o de forma más amplia con un determinado producto para que sirva de gancho, y en casi todo va a seguir existiendo, pero no en la cadena alimentaria, donde se ha prohibido.

Es un tema que está bien, que seguramente tardará un tiempo en establecerse la sistemática, pero que ya los grandes operadores, al ver la Ley, de entrada se someten a la misma, no pueden jugar a otra cosa, se juegan mucho, no solo de multas sino por el impacto social, que le haría disminuir sus clientes.

A tal efecto, para ventas es obligatorio que el pedido de compra siempre se haga con un contrato claro y de todas las compras han de enviar una copia electrónica a un organismo creado a estos efectos, que los ordena y almacena. En los demás sectores esto no existe.

En las ventas, el precio de estas ha de estar muy claro y sencillo para no ser multadas y con tiques muy concretos y nítidos.

En las denuncias, se mantiene la confidencialidad del denunciante, no ocurre en general en los demás sectores, por lo cual la denuncia es complicada.

Así que para este organismo es fácil comprobar si el tique de venta tiene un precio más bajo que el de compra, ya que tienen la información de estas. Y las de ventas con denuncias rápidas.

Las sanciones, aparte de considerables, se hacen públicas, con lo cual se divulga mucho los que hayan tenido prácticas de precios, diremos, «no de leal competencia».

Esta ley está bien, prohíbe la destrucción de valor de un producto a lo largo de la cadena o, lo que es lo mismo, impide que ningún eslabón venda por debajo de lo que ha pagado al eslabón anterior, salvo el comercio detallista, como he reseñado.

En definitiva, todas estas medidas traen como consecuencia una enormidad de cambios rápidos. La presencia de muchas normas hace que el cumplirlas sea farragoso y creo que esto hace que las pequeñas cadenas lo tengan más difícil, por la burocracia administrativa.

Voy a centrarme en lo que quiero decir de alimentación, de lo que quiero exponer varias pinceladas en este capítulo, pues veo que me estoy yendo por las ramas.

Habíamos identificado el gusto de las comidas a través de cuatro sabores: dulce, salado, amargo y ácido. Es lo que nos han enseñado. Pero existe también un quinto sabor, el «umami», del que se ha comenzado a hablar recientemente pero que forma parte de muchos de los alimentos que consumimos desde pequeños. Y que conviene que el lector memorice este «nuevo» sabor.

Hablemos un poco sobre él, es muy importante y como es «nuevo», pues es muy poco conocido, antes no lo teníamos identificado, aunque siempre ha existido.

El vocablo *umami* fusiona dos palabras; en concreto, *mi,* que significa sabor, y *umai,* que significa sabroso.

Los alimentos con altas concentraciones de umami provocan un aumento de la salivación acompañado de una sensación de estar comiendo algo delicioso y que nos encanta.

Esto se debe a un mecanismo de defensa ante los ácidos —ácido glutámico—, ya que la saliva es alcalina. Dicho sabor es tan intenso que perdura en la boca. Además, se paladea en una zona específica en nuestra lengua. En concreto, los receptores gustativos específicos del umami se localizan en la parte central de la lengua, donde se emplazan los receptores de la lengua para los cinco sabores, no solo del umami, y cómo el cerebro los interpreta como placer o peligro.

Este sabor, solo se tiene o se consigue en determinados casos, como es en el de un tomate bien maduro, que inicialmente se siente el sabor ácido y amargo y después el sabor «umami».

Este sabor es típico del alga «kombu», utilizada mucho por los japoneses; este sabor no es solo del alga, pero nosotros no lo teníamos identificado como un sabor independiente, lo tienen quesos curados, jamón serrano, anchoas y también los espárragos, por ejemplo.

Los japoneses han investigado mucho sobre este sabor y son, en definitiva, los que lo han dado a conocer al resto de la humanidad. En concreto el sabor umami fue identificado en 1908 por el científico Kikunae Ikeda, de la Universidad Imperial de Tokio, al percatarse de que el caldo de la cocción del alga kombu presentaba un sabor peculiar.

Este sabor especial está claro que es diferente a los tradicionales de dulce, acido, amargo y salado, el umami no tenía que ver nada con ellos. La investigación japonesa, descubrió que se debe este sabor a la molécula de glutamato monosódico, que en muchos alimentos existe de forma natural.

Esta molécula se fabrica hoy en cantidades industriales, partiendo de cereales y de hidróxido sódico (sosa); antes era todo natural este sabor, hoy es generalmente sintético.

Este aditivo contribuye a potenciar los sabores y, como sabe muy bien, puede crear adicción. De hecho, nos cuesta resistirnos a las aceitunas o a las patatas y a productos que contienen esta sustancia.

En este sentido, un estudio español elaborado en 2005 por la Universidad Complutense de Madrid demostró que el consumo de alimentos que lo contienen es capaz de aumentar las ganas de repetir o comer más hasta un 40 %, pues activa un conjunto determinado de neuronas a nivel cerebral. Por lo tanto, nuestra voracidad, en ocasiones, es consecuencia de la ingesta de algún aditivo como es este caso.

Muchos alimentos tienen un contenido natural en glutamato monosódico; es decir, sabor umami (GMS), pero claro, igualmente podemos espolvorearlo como si fuese sal, para dar este sabor un tanto delicioso.

Leyendo etiquetas de alimentos aparecen productos que contiene, concretamente, el E621, esto es el glutamato monosódico y esto es una sobreestimulación de sabores un tanto artificial que en definitiva produce más hambre y ganas de comerlo habitualmente.

Así nos lo encontramos por lo general en:

- Patatas fritas de bolsa
- Pastillas de caldo
- Salsas
- Cremas y purés
- Pizzas precocinadas
- Aperitivos salados
- Embutidos

A mí me da miedo como algunos niños se hacen adictos al sabor umami, tomando muchos productos, vamos a llamar, de bolsa. Y como se hacen también adictos a las bebidas azucaradas, incluso veo o conozco niños que no toman agua, solo refrescos, lo que es una barbaridad, pero del azúcar lo expongo seguidamente.

Cuando veo niños y jovencitas gordos, inmediatamente las asocio a una incorrecta alimentación.

Hay niños que veo que no toman agua, hay niños de compras de chuchería en bolsas, la inmensa mayoría tienen glutamato, lo que hace el producto muy rico y crean adicción.

Y ahora quiero hablar del azúcar y de la sal, y por qué, junto al glutamato, forman una triada que hay que controlar. Yo lo tengo claro. Aparte de ello, soy comilón, y doy como excusa que, cuando era pequeño, me enseñaron a no dejar nada en el plato, aunque creo que no es así.

El azúcar se ha demostrado, como sucede con las drogas, que puede resultar sumamente adictivo para mucha gente ya que, igual que las drogas, provoca una liberación de dopamina en el cerebro, y la segregación de esta sustancia es la que conduce a la adicción al producto que la contiene.

Cuando lea etiquetas de alimentos, los gramos de azúcar ya están incluidos en la cantidad de carbohidratos totales, así que no veo especificar ello generalmente por separado que contar esta cantidad de azúcar por separado, en la etiqueta en definitiva viene la suma de los azúcares naturales del producto y los añadidos.

Los carbohidratos son moléculas muy sencillas en las etiquetas, incluyen tanto los azúcares naturales, de la fruta o leche, como los azúcares agregados y otras muchas moléculas.

Los carbohidratos los descompone el cuerpo en glucosa.

Si se toman muchos carbohidratos, un exceso puede provocar que pasen a la sangre y a la orina, es decir, diabetes.

Los carbohidratos se queman o consumen con regularidad, son moléculas muy simples, pero si se toma mucho y no se quema, pues estos carbohidratos tienen un proceso de unión molecular y se convierte en grasa.

Antes se pensaba que las grasas que tenemos son procedentes de las que ingerimos, que evidentemente es así, pero aparte de ello, los carbohidratos se polimerizan en el cuerpo, es una unión química entre ellos de varias moléculas formando grasas. Si tomas muchos dulces, pues tendrás en el cuerpo muchas grasas y engordarás, y si tomas muchos dulces es porque te has hecho adicto a los mismos.

El azúcar, al ser ingerido, sus efectos son inmediatos y te producen un «subidón», una alegría y vas querer tener más este placer; así viene la adicción, si no tienes una fuerza mental suficiente y una preparación de lo que comes.

Con la sal, es tan importante que tenemos específicamente uno de los cuatro sabores tradicionales.

La sal conduce un cambio en las células nerviosas del hipotálamo, provocando un exceso de dopamina y orexina, incrementando la sensación de placer. La OMS recomienda de cinco a siete gramos de sal al día, pero en España se consumen once gramos.

Lo que ocurre con la sal es que aumenta la presión osmótica, es decir, que hace que retengamos agua en nuestro organismo, mucha más de lo normal y, en general, el excesivo consumo de sal da lugar a desarreglos, y si una persona tiene la tensión alta, con sal es mucho peor.

El exceso de sal en la dieta incrementa la presión arterial, causando aproximadamente el 30 % de la prevalencia de hipertensión, y también se la ha vinculado con el empeoramiento de asma, osteoporosis —huesos debilitados—, cálculos renales e insuficiencia renal.

El excesivo consumo de sal provoca retención de líquidos e incremento de peso, lo que obliga al hígado, riñones y corazón a trabajar por encima de sus niveles normales, lo que afecta el sistema cardiovascular.

Yo he visto a personas que, en un huevo frito, a la yema le añaden tanta sal que la ponen semisólida; estos excesos son causa de enfermedades, son muy malos para la salud.

En los alimentos procesados, en mi opinión, buscando el máximo sabor, las dosis de estos elementos indicados, son más altas que los «naturales» y conviene por ello no acostumbrarse a este tipo de alimentos y estudiar sus etiquetas.

Hay que procurar no caer en la trampa de la adicción alimentaria, causa, entre otras, de muchas gorduras y enfermedades. Mucho mejor caer en la adicción al trabajo, que no es una adicción, en mi opinión, lo que sí lo es la adicción a la vagancia.

Muchas veces, ante determinadas enfermedades, se dice: «es porque Dios ha querido» y no es así. Dios no tiene nada que ver en esto. Si tenemos una alimentación sana, evidentemente estaremos cuidando de nuestra vida.

Y hablo algo de las etiquetas y de un asunto que me llama la atención: los códigos en las etiquetas.

Según la Agencia Española de Seguridad Alimentaria y Nutrición —Ministerio de Consumo—, existen veintisiete clases distintas de aditivos en función de sus propiedades. Sin su utilización, por ejemplo, algunos de estos alimentos podrían echarse a perder antes de llegar siquiera a nuestra mesa.

Yo me pongo en guardia cuando veo aparecer en una etiqueta unas «E» seguidas de tres dígitos.

La letra «E» corresponde a Europa y el código que le acompaña identifica al aditivo: colorantes, conservantes, antioxidantes, edulcorantes... etc. Huelga decir que, si están especificados en las etiquetas, es porque cuentan con la evaluación de la Autoridad Europea de Seguridad Alimentaria y la autorización de la Comisión Europea.

Los colorantes van desde el E100 hasta el E180. Algunos de estos aditivos son artificiales y otros existen en la naturaleza.

Los conservantes que prolongan la duración de los productos van del E200 al E290, y el grupo del E300 al E321 son los antioxidantes. Los antioxidantes no tienen que ver con el agua sino con las grasas, estas «E» impiden que las grasas se pongan rancias. Los cocineros aprovechan esta incompatibilidad de agua y grasa cuando fríen alimentos para ponerlos crujientes y tostados.

Los agentes de textura, que ligan los ingredientes, los hacen untuosos o impiden la formación de residuos, del E322 al E483. Los quesos, las natillas, las carnes curadas y cocinadas, y los panes con levadura deben sus texturas a proteínas alteradas. Este grupo de «E» ayuda a su estabilidad.

Ciertamente, el problema es cuando el consumidor relaciona lo sintético con lo perjudicial y lo «natural» con lo beneficioso. Los códigos «E» pueden ser de cualquiera de los orígenes.

Los conservantes de carácter antimicrobiano protegen contra el ataque de microorganismos nocivos que pueden alterar los alimentos —hongos y levaduras—, o causar una intoxicación alimentaria —bacterias—.

La relación de «E» muy alta incluye emulsionantes, espesantes, estabilizantes, potenciadores del sabor y edulcorantes artificiales.

Ocurre también que nombres de productos que pueden crear alarma, por sí mismos, no agradables, aunque no son nocivos, pues quedan enmascarados por el código comentado.

En fin, hay que aprender a interpretar etiquetas y establecer una dieta sana, para vivir más tiempo y para vivir mejor, con menos problemas de enfermedades. No es fácil, ni ejercicio de un día, sino de una atención y aprendizaje constante.

Porque ahora los especialistas en «colores, olores y sabores» nos preparan sabores estupendos, texturas ideales, colores atrayentes, total, que son un imán para que, si nos hacemos adictos a los mismos, olvidando una dieta equilibrada, nos causarán más de un problema. Hoy los niños en muchos casos comen lo que les gusta, lo que quieren y no se les lleva por el camino de la lógica; los preparamos por ello mal para el futuro. La vida les pasara factura y la culpa es de los mayores. Sin duda, es falta de preparación alimentaria de los padres y mucha publicidad en redes sociales.

Los alimentos procesados no son malos, evidentemente, lo malo es abusar de ellos, y entrar en las adicciones.

Interpretar una etiqueta no es fácil y comer «creyendo que...» y no «sabiendo que», con textos en los frascos que inducen a pensamientos erróneos del contenido, la falta de preparación en la materia es amplísima y es un problema de nuestra sociedad, en mi opinión, muy grave, si se entra en una espiral de adicción alimentaria.

Y continúo haciendo otra reflexión:

Ahora hace unos días el DOUE (Diario Oficial de la Unión Europea) de 23/04/2024 normaliza para la toda la Comunidad, las DOP (Denominación de Origen Protegida), IGP (Indicación Geográfica Protegida) y ETG (Especialidad Tradicional Protegida), a la que todos los países han de asumir y actualizar.

Estos sellos en los productos alimentarios son signo evidente de control y garantía.

El futuro en este campo para los Alimentos de Andalucía es enormemente prometedor, porque la riqueza gastronómica de nuestra autonomía es muy grande, y acogerse a las indicaciones referenciadas significa estar sujeto a normativas de control que certifican la autenticidad de los datos, lo cual, evidentemente, es signo de calidad y certifica que lo adquirido es cierto y, claro, el abanico amplísimo, con lo que, sin duda, Andalucía ganará mucho en el terreno de la gastronomía. Miren, me acuerdo ahora, por ejemplo, de productos específicos: quisquillas de Motril, aguacates de la Costa del Sol, gambas de Sanlúcar, vinagre de Jerez, molletes de Antequera, ternera de Retinto gaditana, mantecados de Antequera, mostachón de Utrera, atún de Barbate, embutidos de Benaoján, embutidos de Pizarra, vinos de Montilla, anís de Rute, etc... Ya algunos de los reseñados con denominaciones reseñadas y que, por tanto, queda por hacer muchísimo.

Pienso que sería una fantástica idea la organización de una feria o certamen andaluz de «Sabor a Andalucía», cada dos o tres años, que lo lógico por comunicaciones es que sea en Málaga, buscando su impacto internacional y tener capacidad hotelera importante y buenas comunicaciones por tierra, mar y aire. En productos gastronómicos certificados tenemos un buen campo para aumentar prestigio y garantía.

Y finalizo con las GAMAS:

Todo va cambiando: la división en gamas de los alimentos en función de su origen y su tratamiento va en consecuencia de presentar muy diferentes alternativas.

Hay muchas diferencias y por ello se distinguen las gamas, que es bueno conocerlas, o bien refrescar la memoria a los que ya la conocen. Las cuales van tomando más y más importancia, la cocina antigua ha desaparecido en buena medida. Ya en la cocina no hay que estar del amanecer hasta mediodía; diría, por lo que veo, que generalmente unos minutos, esto está muy bien, desde luego, que haya menos tareas rutinarias, es consecuencia del avance de la civilización. Ya los establecimientos de alimentación todo empaquetado y envasado en pequeñas porciones, porque ofrecen mucha comodidad y hay un lema claro: «Todo lo que sirve para no trabajar tiene el futuro asegurado». Si usted quiere inventar algo para que el cliente trabaje o le complique la vida, tenga claro que será un desastre.

Todo lo queremos muy cómodo y, además, muy rápido. Bueno, no sé, pero comida casera cada vez menos, pues los restaurantes, evidentemente hacen lo que todos en su mayoría, es decir, comprar productos como usted y yo en las grandes superficies, al menos en cierta medida; sin embargo, son cada vez más necesarios para no aislarnos y tener relaciones sociales, más aún ahora con el trabajo *online,* en el propio domicilio y sin oficinas.

Primera gama: alimentos frescos, como la fruta y verdura; son perecederos, si bien es preciso mantenerlos en temperaturas frías.

Segunda gama: productos en conserva; tras envasarlos herméticamente, se esterilizan, así pueden aguantar varios meses, incluso años. Es necesario cumplir con la fecha de consumo preferente indicado por el fabricante.

Tercera gama: congelados, ya sean verduras, carne o pescado. Las bajas temperaturas inactivan a los microorganismos y enzimas que degradan el producto, no debe descongelarse y después congelarse, pues puede provocar una intoxicación, porque algunos microorganismos se vuelven a activar al subir las temperaturas; la congelación ha de ser constante. Normalmente, en pescados y carnes el tiempo óptimo es seis meses y en verduras entre seis y doce meses.

Cuarta gama: alimentos al vacío, normalmente son productos que se han cortado o pelado y no han tenido procesos de cocción. Siempre hay que tener en cuenta las indicaciones del fabricante, hay que leer las etiquetas. Tiene la ventaja de que no hay que descongelar.

Quinta gama: productos listos para consumir, es decir ya precocinados y listos para consumir, y ya depende si hay que calentarlos o no. Por ejemplo pizzas, tortillas, gazpacho... siempre se han tenido en la preparación previamente la esterilización y pasteurización.

Aparece de momento una gama más.

Sexta gama: son aquellas frutas y verduras que han sido liofilizadas, es decir, sometidas a un proceso de deshidratación, después añadiendo agua para hidratarse el producto final, pues pierden mucho sobre el original.

Pero me quedo un poco desconcertado, con esto de las gamas que no dejan de crecer.

Me pregunto: ¿puede ser en el futuro la ultracongelación una gama diferente? Lo aprendí en Barbate, el atún de ahora no pierde sus características originales, ya que se ultracongela; esto se trata de que tengan una congelación muy fuerte y muy rápida a la barbaridad de ciento sesenta grados bajo cero, a esa tremenda baja temperatura de forma rápida, eso sí, no da tiempo a que el agua del producto se va congelando poco a poco y formando cristales grandes, con la ultracongelación se forman enorme cantidad de cristales tremendamente pequeños, que hacen mantener las características originales del producto; una vez ultracongelados, se mantienen de esta forma a temperaturas más o menos de ochenta grados bajo cero como mantenimiento de los mismos; lógicamente requiere unos equipos muy sofisticados y durante su almacenamiento y hasta el consumo debe mantenerse la cadena de frío de los ochenta grados bajo cero comentados y después tener una descongelación natural antes de su consumo. Esto ya se aplica a muy diferentes alimentos, con lo que se mantiene una calidad soberbia.

Pero me sigo preguntando si este proceso con el tiempo no será encasillado con el nombre «octava gama». El tiempo dirá. Y esto no solo para el atún, sino para cualquier alimento de cualquier forma, tal como el cocinado.

17. A guisa de despedida (por ahora)

El grupo de los humanos vamos aumentando de número, somos, dentro del reino animal, los más numerosos del mundo.

Lógicamente nuestro planeta, en consecuencia, cada vez está más «humanizado», menos natural, menos animal. Me refiero con más humanos, no a su comportamiento.

Porque entendemos por natural «donde no intervienen los humanos». Donde solo intervienen los animales, la meteorología, la erupción volcánica y los tsunamis, por ejemplo, todo ello es natural, lo que hacen los animales y los vegetales es natural, lo que hace el hombre es lo no natural. No lo veo muy lógico, pero en la práctica es así.

Queremos volver a lo natural como objetivo soñador, lo cual no deja de ser una incongruencia. Antes se vivía mucho peor.

Otra cosa es que, como somos muchos, conviene preservar y cuidar el medio ambiente y cuidar nuestro planeta, porque es el que tenemos.

La congregación humana necesita cada vez más alimentos, porque crece y porque queremos estar bien alimentados todos y no solo una parte. Por ello es muy necesaria una agricultura moderna, variada, lógica y racional; cada día se ha de cultivar más y mejor, para alimentarnos todos.

Ahora bien, para que las plantas se desarrollen necesitan sol, temperatura adecuada y, por supuesto tierra y agua. Tenemos en Andalucía de todo menos el agua.

Con los conocimientos modernos cada vez se necesita menos agua para cultivar una hectárea.

Agua hay suficiente y más para regar toda la superficie de cultivo de Andalucía, con lo cual el PIB agrícola se multiplicaría por cuatro. Evidentemente, para ello hace falta un plan a ejecutar para obtener este objetivo ideal, por lo menos tener el camino trazado.

Con el tema del agua resuelto, así como las actuaciones de otros sectores, debe ser Andalucía la región más desarrollada de España y creo que será así, es lo lógico.

Se dice que en Andalucía hay poca productividad, esto el ciudadano normal lo entiende como que el andaluz trabaja poco y no es eso. Baja productividad quiere decir en el PIB es bajo, tenemos el PIB por habitante en un 75 % de la media de la Unión Europea, causa clara de nuestros males, la media del PIB en España es 22.000 euros por habitante y año y en Andalucía 7.000 euros menos.

Y la productividad que tenemos en buena parte es del turismo, que da trabajo temporal por lo general y no demasiado cualificado.

Con el aumento del PIB ya sabemos que se solucionan todos los problemas y que lo demás son filosofías. En la agricultura tenemos un amplio y claro campo de aumento del PIB.

Para ello hace falta resolver un problema fundamental, pues los demás problemas lo van arreglando los mercados. Y es resolver el tema del agua, y aparte, lógicamente, la infraestructura —de ferrocarril, carreteras y redes de transporte eléctrico fundamentalmente—.

Recibimos menos aportación del Gobierno Central en relación con el número de habitantes de la inmensa mayoría de las autonomías.

El futuro de la agricultura está lleno de incertidumbres, porque estamos desconcertados, todo es una contradicción.

Nuestro futuro agrícola y ganadero depende de los fabricantes de normas; es decir, de la fábrica de Bruselas en primer lugar y después del Gobierno de España; en Bruselas seguramente no se ha entendido que Andalucía es punto y aparte y se diferencia del resto, tal como por ejemplo la isla de Sicilia, y del Gobierno Central tradicionalmente estamos discriminados, seguro que por ser pacíficos y no protestar suficiente; de vez en cuando nos dan algún pequeño premio y hasta otra.

En definitiva, está muy claro que hay que hay que resolver el problema del agua, aumentar la superficie del riego por goteo, que es fundamental para que la agricultura andaluza tenga mucha más producción, ya que tenemos clima y tierra y que para ello hay que organizar la infraestructura y en ello nos va muchísimo, nos va el futuro agrícola, dejémonos de historias y de intentar ver otras soluciones que solo son parches efímeros. Y vamos al meollo de la cuestión, lo principal es resolver el problema del agua.

Y crear foros de debate sobre el futuro de la Agricultura Andaluza.

Buenas tardes, amigos, reflexionen sobre lo escrito, es la decantación del pensamiento de muchos años en un mundo donde cada vez vamos más a lo inmediato.

He escrito lo que pienso, este libro en definitiva debe catalogarse como ensayo. He reseñado mi opinión, mi punto de vista, con el ánimo positivo de aportar. Si observan errores, ruego me disculpen. En los temas que haya leído y no esté conforme, es sencillamente porque uno de los dos, usted o yo, está equivocado.

Muchas gracias por su paciencia.

18. Otros libros escritos por José Luis Sánchez-Garrido y Reyes

(a 1 de mayo de 2024)

1. *El olivo, prodigio hasta morir*. Año 2004. Ediciones Osuna (Granada). Escrito junto a Federico Moldenhauer (de este libro estimo que se han efectuado un total de 6000 ejemplares).

2. *La verdadera verdad del abonado del olivo en riego por goteo*. Año 2005. Ediciones Osuna. Escrito junto a Federico Moldenhauer. Está en internet y ha tenido más de 60 000 visitas. Su uso es habitual en cursos de formación.

3. *Antequera, recuerdos del ayer*. Año 2005. Ediciones Osuna. En total, 1000 ejemplares. Con la colaboración de Federico Moldenhauer. Se puede leer en internet en mi blog.

4. *Aparte de soñar nos queda el mundo*. Año 2005. Impreso por Talleres AGM, Arroyo de la Miel (Málaga), bajo el cuidado de Mavi León (libro de poesías). Junto a Carmen Requena.

5. *Antequera, otra vez*. Año 2008. Publicado por el Ayuntamiento de Antequera.

6. *Herogra, empresa centenaria*. Año 2016. Con el que se celebraba el primer centenario de la empresa, donde el autor era gerente y coordinador general del grupo. Libro de regalo a clientes.

7. *Estrategias de ventas en el sector fertilizantes*. Año 2018. Editorial Osuna. Es un libro de referencia en el sector.

NOTA: Los libros reseñados hasta aquí están actualmente agotados; los que siguen son todos editados por la misma editorial en Antequera y no se agotan porque se editan de forma continua a demanda. Se pueden pedir a librerías de Antequera, a la propia editorial o bien a plataformas como Amazon, Casa del Libro y Agapea.

Las portadas de los libros, a partir del 9 incluido —salvo el 20 y 21—, han sido confeccionadas por Efecto 3D (Alcalá de Guadaira), empresa de mi hijo José Luis Sánchez-Garrido García.

8. *Callejeando por Antequera*. ExLibric, junio 2020. Presentado en Antequera, calle Merecillas 28, en noviembre de 2020.

9. *La conquista de la Antequera musulmana*. ExLibric, 2020.

10. *Barbate, Barbate*. ExLibric, 2020. Presentado en Barbate, en Recinto Cultural El Matadero, el 20 de agosto de 2021 (demorado antes por la pandemia).

11. *Historias y leyendas de mi Antequera*. ExLibric, 2020.

12. *Mis lamentables y tristes poemas*. ExLibric, 2020.

13. *Yo no vendo, me compran*. ExLibric, 2020.

14. *El gerente, un puesto no recomendable*. ExLibric, 2020.

15. *Las últimas mantas de Antequera*. En colaboración con Manuel Salazar Cobos. ExLibric, 2020.

16. *Antequera, Venecia, Barbate*. ExLibric, 2021. Historia real con toques de humor de unas vacaciones.

17. *Antequera Santa*. ExLibric, 2021.

18. *Fermín Requena. Poeta de la historia*. ExLibric, 2022.

19. *Antequera napoleónica*. ExLibric, 2022.

20. *Abonado disruptivo del olivar de secano* (coautor: Pablo Ramos Pedregosa). ExLibric, 2022.

21. *El desolador cierre y abandono de la iglesia y convento de Madre de Dios en Antequera.* ExLibric, 2023.

22. *Plan andaluz del agua.* ExLibric, 2023.

23. *Antequera romana.* ExLibric, 2023.

24. *Antequera árabe.* ExLibric, 2024.